KB046697

지리 샘과 함께하는

시간을 걷는 인문학

지리 샘과 함께하는

시간을 걷는 인문학

조지욱 지음

사□계절

'나는 길에서 태어났다.' 구체적인 설명 없이 이렇게 말하면 듣기에 따라서는 이상하게 들릴 수도 있겠다. 내가 태어날 당시, 우리 집이 종로에 있었다는 말이다. 종로는 '종이 있는 길'이라는 뜻이다. 그 종은 조선의 수도였던 한양의 시각을 알리고, 성문 여닫는 시간을 알렸다. 종로 지역은 한양의 동서남북 사대문을 십자(十字)로 연결하는 곳으로, 광화문에서 동대문까지 이어지는 일자로 쭉 뻗은 큰길이다. 우리 집은 그중 종로 5가에 있었다.

종로 5가는 약국이 즐비한 약국 거리였다. 어릴 적 나는 '약국이 너무 많아 서로 경쟁이 심해서 장사가 잘 안 되겠다.'는 생각을 해 본 적이 있다. 하지만 그건 경제를 공부하지 않은 어린아이의 생각일 뿐 실제로는 유사 업종이 모여 있으면 정보도 공유하고, 자동적으로 홍보도 돼서 종로 지역뿐 아니라 다른 곳에 사는 사람들도 찾아오기 때문에 장사는 더 잘된다. 남대문에 옷 가게가 모여 있고, 용산에 전자 제품 가게가 모여 있는 것도 같은 이유이다. 그것을 '집적 이익'이라고 한다. 그리고 이런 집적 이익이 큰 곳은 일반적으로 다른 곳보다 가게 월세가 훨씬 비싼 경향이 있다. 그래서일까, 종로 5가에는 수십 년 동안 한 자리에서 문을 열고 있는 약국들이 아직도 대로를 따라 늘어서 있다. 돌이켜 보면 종로는 경제라는 말도 모르던 어린 내게 경제에 대한 생각을 하게 한 길이었다.

종로의 큰 길을 벗어나 뒷골목으로 들어가면 미로 같은 길들이 나타난다. 종로 뒷길을 처음 가는 사람이라면 너무 복잡해서 길을 잃기 십상이니 정신을 바짝 차려야 할 것이다. 과거 종로에는 사람이 많이 살았다. 지금은 많은 사람들이 강남으로 이사 가고, 경기도에 있는 신도시로 이사 가는 바람에 상주인구가 크게 줄었다. 하지만 당시에는 복잡한 골목길을 따라 집들이 늘어서 있고, 많은 사람들이 살았다. 그 골목길은 내게 동네 친구들과 함께하는 축구장이었고, 꼭꼭 숨을 곳이 많은 술래잡기 놀이터였다. 그 길은 내게 사회성을 가르쳐 주고 사회로 나아가도록 이끌어주는 길이었다.

한편, 종로는 내게 사회 문제에 대해 생각을 하게 했다. 종로 4가에는 종묘가 있는데 그 앞 광장에 노인들이 나와 벤치에서 잠을 자거나 술을 마시고, 장기나 윷놀이를 한다. 한때 그들이 있어서 우리나라가 발전해 왔는데 이제는 누구도 돌아보지 않는다. 난 종묘 앞길을 지날 때마다 지루하게 하루를 때우는 노인들을 보며 무언가 복잡한 마음이 들곤 했다.

종로는 내게 추억의 길이다. 어떤 이는 사람과 자동차가 북적대는 종로야말로 오염된 공기와 심한 소음 때문에 별로 가고 싶지 않은 곳이라고 할 게다. 하지만 나는 지금도 가끔 종로를 찾는다. 특히, 12월이면 캐럴을 듣기 위해 종로로 간다.

종로 4가를 지나 3가로 가면 당시 국내에서 유명하다는 극장들이 모여 있었다. 단성사, 피카디리 극장, 서울 극장 등이다. 나는 중국 무술 영화를 좋아해서 영화를 보러 자주 가곤 했다. 그때 보았던 영화들은 지금도 내가 글을 쓰고 학생들을 가르치는 데 영감을 준다. 당시 겨울이면 캐럴을 틀어 놓은 가게들이 많았다. 징글벨, 노엘, 루돌프 사슴코 등이 큰 스피커를 통해 거리로 쏟아져 나왔다. 캐럴은 종로 3가를 지나 종로 2가와 1가에까지 이어졌다. 종로 2가와 1가에 가면 우리나라 최대 서점인 종로서적과 교보문고에 들르곤 했다. 서점은 늘 책을 찾고 책을 읽는 사람들로 북적였다. 종로는 내게만큼은 지식과 정보, 그리고 감동을 주는 책과 영화, 음악이 넘치는 문화의 길이었다.

길은 그렇게 어린 나에게 세상에 대해 말해 주고, 세상과 이어주는 통로였다. 그때는 몰랐지만 길은 나의 내면을 채우고, 늘 길로 나서게 했다. 그리고 성장하면서 다른 길에 대한 궁금증이 나의 내면을 확장시켰다. 길은 스승이다. "책을 읽어라,

공부를 해라, 이걸 외워라, 이게 중요하다." 등 그 어떤 말도 하지 않았는데 나는 길에서 많은 것을 배웠다.

하나의 길에는 시간과 공간, 그리고 수많은 인간의 발자국이 묻어 있다. 어떤 길은 수천 년의 시간을 견디며 수만 킬로미터의 공간을 차지하고 있다. 그러니 길을 공부한다는 것은 인간의 역사를 공부하는 것과 같다. 그런 역사가 깃든 길을 걸으며 수천 년 동안 그곳을 지나간 수많은 사람들과 사건들을 만나는 상상을 해 보는 것은 어떨까?

인간의 역사는 숙명적으로 공간에서 펼쳐졌다. 그 공간은 지구의 지표면에서도 정치, 경제, 사회, 문화적으로 어떤 의미를 가지고 있는 지리적 공간이다. 지금은 길이지만 그 공간은 한때는 산이었고, 들이었고, 바다였다. 공간은 길을 품고 있고, 길은 인간을 품고 있는 형세라고 할 수 있다. 인간이 길을 왜, 그리고 어떻게 냈는지 그리고 거기에 얽힌 이야기들을 알아본다면 우리는 각 시대의 사회, 문화, 경제, 환경 등을 한발 깊이 이해할 수 있을 것이다.

이 책에서는 바로 그런 이야기들을 하고 있다. 이것은 2013년에 나왔던 『길이 학교다』 책을 새롭게 손보아 내는 이유이기도 하다. 길이라는 주제가 미래를 살아갈 새로운 세대에게 세상을 보는 시각을 넓히는 작은 씨앗이 되리라고 확신한다.

2019년 가을

조지욱

차례

1 하늘부터 바다, 땅속까지, 세상은 길로 이어져 있다

2 우리와 또 다른 사회를 연결하는 길

3 오고 가는 길에서 피어나는 문화

4 경제 발전과 전통 사이에 놓인 길

5 자연환경과 길은 공존할 수 있을까?

10km
5km
2km

1

하늘부터 바다, 땅속까지, 세상은 길로 이어져 있다

'지금 내가 가고 있는 이 길은 어쩌다 생겨났을까?'
누구나 한번쯤 이런 생각을 해 봤을 것이다. 날마다 눈을 뜨면 길로 나서게 되는 것이 인간의 삶이니 말이다. 하지만 최근에 만들어진 신도시의 길처럼 언제, 누가 만들었는지 분명한 길은 그다지 많지 않다.
원래부터 있었던 길은 없다. 누군가가 가고 또 그 뒤를 누군가가 이으면 그것이 길이 되었을 것이다. 우리 곁에는 강길, 산길, 바닷길, 하늘길에 이르는 수많은 길과 이어진 또 다른 길들이 있다. 길과 인간은 늘 함께였다. 길은 우리에게 인간에 대한 다양한 이야기를 들려준다. 그 이야기에 귀 기울여 본다. 그리고 또 생각해 본다. '앞으로 얼마나 많은 길이 더 생겨날까?', '앞으로도 더 많은 길이 인간에게 필요할까?'
대답은 미래의 후손들이 할 것이다. 하지만 새로운 길이 나는 이유만큼은 우리가 만났던 길들이 생겨난 이유와 닮았을 것이다. 내일이 궁금한 우리가 지난날의 길을 만나 봐야 할 이유다.

길은 발자국을 따라 생겨났다 · 동물과 사람이 이동하는 길

12월이 되면 아프리카 탄자니아의 세렝게티 초원에 장마가 시작된다. 우리나라 장마는 고작해야 한 달이면 끝나지만 이곳의 장마(우기)는 5~6개월 동안 이어진다. 비가 내리면 메말랐던 땅에서 연둣빛 풀이 올라오기 시작한다. 그와 동시에 북쪽에 있는 케냐의 마사이마라 초원에서 먼 길을 이동해 온 동물 떼가 도착한다. 누, 코끼리, 얼룩말 떼들은 새순이 올라오는 때에 맞춰 새끼를 낳고, 6월까지 이곳에서 지낸다. 그리고 우기가 끝날 무렵 새끼를 데리고 다시 북쪽의 마사이마라 초원으로 이동을 시작한다. 동물들은 초록의 세렝게티가 곧 황톳빛 메마른 땅으로 변할 것을 알고 있기 때문이다.

아프리카 열대 초원에서는 누 떼, 코끼리 떼, 얼룩말 떼 등

수백만 마리의 초식동물이 이동하는 발자국을 따라 수백, 수천 킬로미터의 길이 생겨났다. 그리고 이 길을 따라 케냐의 마사이족은 가축을 몰고 이동했다. 오늘날에는 마사이족이 걷던 길에 관광 도로가 열리고, 이 도로를 따라 세계에서 사파리 여행객이 모여든다.

북아메리카 서부의 초원에서도 풀을 찾아 이동하는 버펄로 떼의 발자국을 따라 수천 킬로미터의 길이 생겨났다. 겉모습만 보면 무서울 것 같지만 실은 소를 닮아 겁 많고 순한 초식동물이다. 북아메리카에서 버펄로를 사냥하며 살던 아메리카 원주민들은 식량과 가죽을 얻기 위해 버펄로가 만든 길을 따라 이동했다. 이 길은 주로 강이나 호수, 샘과 이어져 있었기 때문에 원주민들은 비교적 안정적이고 규칙적인 생활을 할 수 있었다. 하지만 동시에 이 길은 18세기 이후 유럽에서 온 백인들이 서부를 개척하는 과정에서 원주민이 전멸하는 길이 되었다. 오늘날에는 이 길을 기초로 해서 동서 횡단 철도와 고속도로가 놓여 국토가 넓은 미국을 하나로 묶어 주는 끈과 같은 역할을 하고 있다.

길이 꼭 동물들의 대이동 과정에서만 생겨나는 것은 아니다. 아프리카의 원숭이 중에는 물을 먹기 위해 날마다 나무에서 내려와 언덕 아래에 있는 샘까지 이동하는 무리가 있다. 샘으로 이어지는 원숭이의 발자국은 원숭이를 살리는 길이 되지만, 동시에 사자나 하이에나를 부르는 죽음의 길도 된다. 이렇게 생겨난 길을 따라간 인간은 샘을 발견했고, 때론 원숭이를 사냥하기 위해 그 길 곁에 숨어 있었다. 그런가 하면 샘에서 마을로 이어지는 인간의 발자국, 사냥터에서 동굴 집으로 이어지는 인간의 발자국, 불을 질러 만든 밭에서 마을로 이어지는 인간의 발자국 등을 따라서 길이 생겨났다.

길은 생명이다 · 토끼길

2월이면 강릉, 동해, 삼척 등 우리나라의 영동 지역에 눈이 많이 내린다. 입춘이 지났지만 찬 동풍이 동해를 지나면서 눈구름이 되고, 눈구름이 태백산맥에 부딪혀 눈을 만들기 때문이다. 2011년 2월 12일, 강릉, 동해, 삼척에 눈 폭탄이 쏟아졌다. 이 눈 폭탄은 100년 만의 폭설이었다.

특히 삼척은 1미터가 넘게 눈이 쏟아져 하루아침에 그야말로 '눈 사막'이 되었고, 주민들은 집 안에 갇혀 나오지 못했다. TV를 통해 삼척의 상황을 본 사람이라면 누구나 걱정했을 것이다. 그런데 다행스럽게도 13일, 날이 밝으면서 하나둘씩 생겨나는 '생명선'을 따라 사람들이 보이기 시작했다. '생명선'은 바로 마을 주민들이 허리춤까지 쌓인 눈 속에서 넉가래질을 해서 만든 '토끼길'이었다. 좁고 투박하게 뚫린 '토끼길'은 임시 제설 작업이 끝난 큰길까지 연결되었고, 이 큰길은 외부로 통

강원도 지역에 내린 폭설로 하얗게 뒤덮인 마을 ©연합뉴스

하는 또 하나의 생명선이었다.

길이 끊긴 집은 편히 머물 수 있는 공간이 아닌, 불안하고 두려운 고립무원의 공간일 뿐이다. 눈 폭탄이 터진 마을에서 '길'이 곧 '생명선'이 되는 것을 지켜보며, '물이 물속 생명을 지키듯, 길 또한 길 위의 생명을 지키는구나!' 하는 깨달음을 얻었다.

길은 큰 강을 닮았다 · 아마존강

세계에서 가장 큰 강은 남아메리카의 아마존강이다. 강의 크기는 유역 면적과 유량으로 알 수 있는데, 여기서 유역 면적은 하나의 큰 하천으로 모여드는 모든 작은 하천들의 범위를 말한다. 아마존강의 유역 면적은 남한 면적(10만 제곱킬로미터)의 70배나 된다. 또 유량도 어마어마해서 중국에서 가장 긴 창장강(양쯔강), 미국에서 가장 긴 미시시피강, 아프리카에서 가장 긴 나일강의 유량을 전부 합친 것보다도 많다.

한편, 2008년에는 리마 지리학회에서 아마존강의 길이를 7062킬로미터로 발표함으로써 세계에서 가장 긴 강이 되었다. 아마존강으로 모여드는 수많은 지류의 길이를 모두 합하면 얼마일까? 본류를 뺀 지류만의 길이가 무려 약 4만 3000킬로미터이다. 지구 한 바퀴가 약 4만 킬로미터인 것을 고려하면 대단한 길이다. 이 지류 중에는 2000킬로미터가 넘는 것도 무려 17개나 된다. 길이가 짧은 지류는 그 수를 헤아릴 수 없을 정도로 많다.

아마존강은 브라질을 대표하는 강으로 알려졌지만 사실 페

아마존강 유역 지도 ➔
아마존강은 여러 곳에서 시작된 수많은 지류가 만나 이루어졌다.

루, 볼리비아, 콜롬비아, 에콰도르의 강이기도 하다. 왜냐하면, 아마존강은 브라질뿐 아니라 페루, 볼리비아, 콜롬비아, 에콰도르의 산지에서 시작된 수많은 지류가 서로서로 이어져 이루어진 하나의 강이기 때문이다.

길 또한 이러한 강을 닮아 수많은 길이 서로서로 이어져 하나의 길이 된다. 길에서 약속하지 않은 친구를 만나게 되는 우연은 바로 그가 걸어 온 길과 내가 걸어 온 길이 이어져 있기 때문이다. 오늘도 사람들은 여러 세상과 이어진 길에서 사랑하는 사람을, 오랫동안 보지 못했던 친구를, 그리고 함께 여행을 떠날 동료를 기다린다. 혹은 누군가를 만나기 위해 길을 걷는다.

오랜 꿈이 길이 되다 · 하늘길

1903년, 라이트 형제가 최초로 비행에 성공했다. 그런데 인간은 나는 데서 만족하지 않았다. 독일에서 제트 엔진이 발명되고 세계 대전을 거치며 항공기 제작 기술력이 높아지더니 1949년에 영국에서 제트 수송기가 탄생했다. 이후 북아메리카와 유럽 간 북대서양 하늘길을 비롯해 각 대륙과 대륙을 연결하는 하늘길이 열렸고, 1954년에는 북극 하늘에도 길이 생겼다.

라이트 형제의 첫 동력 비행 ➔ 미국의 라이트 형제는 1903년 12월 17일, 조종이 가능한 동력 비행기를 제작하고 최초로 비행에 성공했다.

탁 트인 파란 하늘을 보면 시원하고 단순하기 그지없다. 그런데 하늘에는 보이지 않지만 복잡한 길이 있다. 비행기도 자동차처럼 정해진 길로 다니는데, 비행기들이 서로 충돌 없이 안전하게 날 수 있는 것은 하늘길이 잘 정비되어 있기 때문이다. 하늘길의 너비는 육지 위에서는 18킬로미터, 바다 위에서는 90킬로미터이며, 일반 여객기가 다니는 고도 약 8킬로미터 이하의 길과 제트기가 다녀 '제트 루트'(고도 8킬로미터 이상)로 불리는 길이 있다. 그리고 항법 원조 시스템, 거리 측정 전파 장치 등을 통해 지상에서 거리와 방향을 알려주기 때문에 안전한 비행이 가능하다.

그럼, 우리나라 하늘길은 언제 열렸을까? 1929년, 일본에

의한 것이긴 했지만 서울—도쿄 간 하늘길이 처음 열렸다. 서울 외에 평양, 대구, 신의주 노선도 생겨났다. 이때는 주로 편지나 소포를 나르기 위한 것이었다. 우리 힘으로 하늘길을 연 것은 광복 후로, 서울—부산 간, 서울—광주—제주 간 노선이었다. 그리고 하늘길이 먼바다를 건너 국외까지 뻗어 나간 것은 한국 전쟁 이후(1954년) 서울—타이베이—홍콩 노선이 처음이었다.

우리나라 국민이 하늘길을 본격적으로 이용하기 시작한 것은 1990년대부터다. 1980년대 말부터 해외여행이 자유화되면서 하늘길을 이용하는 사람이 부쩍 늘었다. 물론 비싼 비행기를 탈 수 있을 만큼 소득이 늘어난 것도 한몫했을 것이다. 1970~80년대 우리나라 여객기 노선은 일본, 홍콩, 동남아시아가 중심이었으나, 지금은 먼 유럽에서 미국까지 비행기 소리가 끊길 틈이 없다. 요즘은 며칠 간격으로 아프리카와 라틴아메리카(중남미)까지 직항으로 가는 하늘길이 하나둘씩 늘고 있다.

또 하나의 변화가 있다. 본래 하늘길로 가는 데는 돈이 많이 들어서 사람이나 탈까, 일반 화물은 엄두도 못 냈다. 화물은 배로 이동해야 한다는 것이 상식이었고, 지금도 우리나라에서 하늘길을 이용하는 화물은 전체의 1퍼센트밖에 안 된다. 하지만 첨단 산업이 발달하면서 반도체와 같이 가볍고 비싼 화물의 하늘길 이동이 계속 증가하고 있다.

오늘날 하늘길은 소리의 속도보다 빠른 이동이 가능하고, 대기권을 넘어 우주로까지 뻗고 있다. 스스로 날기를 원했던 인간의 수만 년 된 꿈이 날 수 있는 세상을 열었고, 그것이 곧 길이 되었다.

더 많은 개발을 위한 길 · 땅속 길

세계 최초 땅속 길(지하철)은 1863년에 영국 런던에서 생겨났다. 당시 런던은 산업화와 도시화 탓에 심각해진 교통 체증으로 몸살을 앓고 있었다. 이 문제를 해결하기 위해 고민 끝에 만든 것이 땅속으로 달리는 터널 길이었다. 인간이 굴을 판 것은 이것이 처음은 아니지만 이 길 덕분에 땅 위에는 더 많은 건물과 공원을 만들 수 있었다.

당시 초기 전동차는 증기 기관차였기 때문에 승객들은 기관차가 뿜는 연기로 고생해야 했다. 그래서 땅 위의 공기와 순환할 수 있도록 환기 장치를 만들었다. 이 문제는 전기 기관차(1890년)가 나온 후 해결되었으며, 이때부터 세계적으로 지하철 건설 붐이 일었다. 헝가리 부다페스트, 오스트리아 빈, 프랑스 파리, 독일 베를린, 미국 시카고와 보스턴과 뉴욕, 일본 도쿄 등 대도시에 지하철이 생겨났다. 이후 오늘날까지도 런던은 지하철을 대표하는 도시다. 철길이 약 400킬로미터로 세계에

런던 언더그라운드 ➔ 런던 지하철의 '튜브'라는 별명은 둥그런 터널 모양에서 유래한 것이다.

서 가장 길고 연 이용객 수는 약 10억 명으로, 역당 손님도 가장 많다. 런던 지하철은 '서브웨이'subway가 아니라 '언더그라운드'underground라고 불리며, '튜브'tube라는 별명을 가지고 있다. 그래서 지하철 지도를 '튜브 맵'tube map이라고 한다.

우리나라는 1974년에 서울역—청량리역 구간(7.8킬로미터)을 잇는 지하철 1호선이 서울에 처음 등장했다. 1호선 구간은 당시 차가 가장 붐비는 곳이기도 했다. 지하철은 한 번에 많은 여객을 수송할 수 있고, 무엇보다도 안전하다. 지하철의 안전도가 '100'이면 승용차는 '2' 정도라고 한다. 또 지하철은 교통체증이 없으므로 시속 60~80킬로미터로 일정하게 다닐 수 있어서 출퇴근에 유리하고, 약속 시간을 잘 지킬 수 있게 한다.

출퇴근 시간에 시내를 주행하는 승용차는 정체가 심해서 평균 시속 30~40킬로미터 정도의 속력밖에 못 낸다. 물론 지각을 하거나 약속을 어기게 되는 것도 다반사다.

오늘날 서울 지하철은 세계적으로 인정받고 있다. 승강장과 전동차 내에 TV가 설치되어 이동 시간이 지루하지 않고 여름엔 에어컨이, 겨울엔 난방이 가동되어 쾌적하고 편리하다. 또 모든 역과 구간에서 휴대전화와 무선 인터넷을 사용할 수 있는 세계 유일한 지하철이다. 하지만 이 때문에 전동차 내에서 책을 읽는 사람을 찾아보기 어려워진 것도 사실이다. 서울 지하철은 2019년 현재 수도권 전철을 포함해 총 23개의 노선으로 확장되었다. 한마디로 거미줄처럼 수도권 곳곳을 연결하고 있다. 그래서 서울은 우리나라에서 교통이 가장 편리한 곳이다.

20세기 초에 지하철은 부의 상징이었다. 1913년, 아르헨티나의 부에노스아이레스에 지하철이 개통되었다. 지금은 아르헨티나를 선진국으로 보지 않지만 당시 아르헨티나는 손꼽히

우리나라에서 가장 붐비는 역은?

2018년 기준으로 우리나라의 최다 이용 광역·도시철도 역은 서울 2호선 강남역이다. 강남역은 하루 승차 및 하차 이용객 수가 20만 명 이상이다. 최다 이용 버스 노선은 서울 정릉~개포동을 오가는 143번 버스로, 하루 이용객 수가 약 1394명 이상에 달한다. 한편, 이용 인원이 가장 많은 버스 정류장은 서울의 사당역 정류장이다.

평양 지하철

부흥역에 정차한 평양 지하철도 차량

북한의 평양 지하철은 천리마선과 혁신선, 계획선 등 세 노선으로 되어 있다. 1973년에 천리마선을 시작으로 순차적으로 개통되었다. 보통 객차 3량(1량 정원 160명)을 연결하여 출퇴근 시엔 2~3분, 보통 때엔 5~12분 간격으로 운행한다. 출퇴근 시간대를 제외하면 비교적 한산한 편이며, 운행 속도는 평균 시속 40~50킬로미터다. 지하 100~150미터에 깊이 건설했기 때문에 비상시 대피소로 쓸 수 있다. 지하철 각 역은 모자이크와 샹들리에 등으로 호화롭게 치장되어 있다. 그러나 전력 부족으로 어둡고, 환기가 불량한 편이다.

평양 지하철 지도

는 부자 나라였다. 아르헨티나의 전동차는 내부가 고급 목재로 화려하게 장식된 벨기에산이었다. 2013년에 100년 된 전동차들이 철거되었고, 그 전동차를 리모델링해서 공공 도서관으로 쓸 것이라고 한다.

하늘길이 누구나 꿈꾸던 길이었다면 땅속 길은 누구도 생각지 못했던 길이다. 땅속은 죽은 자만의 공간이라 생각했는데, 그곳에 대도시 문제 해결의 열쇠가 있었다. 지금 지하철이 없는 서울을 떠올릴 수 있을까? 그야말로 끔찍한 교통지옥일 것이다. 지하철이 없는 서울에서는 살 수 없을 것 같다는 생각마저 든다.

걷는 사람에 따라 달라지는 길의 역할 · 길의 이름

오늘날 우리나라의 길에는 세종로, 테헤란로, 충무로 등의 이름이 붙어 있다. 그러나 도로 발달이 미미했던 조선 시대까지는 길 대부분에 이름이 없었다. 대신 길의 이름은 그 길을 지나는 사람들의 것이었다. 왕의 명령이나 공적인 행정 문서를 전달하는 파발로, 왕의 조상님 능에 인사 가는 능행로, 외국 사신이 오는 사행로, 중국에 바칠 조공을 싣고 가던 조공로, 병자호란 당시 청군이 쳐들어온 이동로, 못된 지방 사또를 혼내러 몰래 가는 암행어사의 암행로, 반역을 꾀한 대역 죄인이 꽁꽁

김홍도의 <장터길> ➔ 산모퉁이를 돌아가는 장사꾼들의 말 탄 행렬을 그렸다. 장에서 물건을 다 팔고 돌아가는 길인지 사람들의 행장이 가볍다.

묶여 걸어가던 유배로, 먼 지방에서 걷힌 세금(곡식)을 옮기던 조운로 등등, 길에는 대부분 사람들이 행한 공적인 역할을 따서 이름이 붙었다. 조선 전기까지만 해도 길은 국가의 정치·행정·외교·국방을 돕는 역할을 주로 했다. 그래서 이 시대의 길에서는 서민들의 삶이 별로 보이지 않는다.

임진왜란이 끝난 조선 후기부터는 상업이 발달하고 실용적인 생각이 점차 커지면서 길의 역할이 다양해졌다. 사람들이 주로 이용하는 길은 상업 중심지를 거쳤으며, 일반 평민이나 상인의 도로 이용도 크게 늘었다. 따라서 장에 가는 장 길, 소 팔러 가는 소몰이 길, 주막에서 하루쯤 쉬어 가는 주막거리 등 길의 모습이 다채로워졌다. 이외에도 길은 당시 사회상을 잘 보여준다. 주로 양반들이 이용했을 여행길인 산수유람로, 출세를 위해 과거에 응시하러 가던 과행로, 혼인을 위해 말이나 가마를 타고 가던 통혼로, 환자가 요양을 가던 요양로와 온천로 등이 있다.

길은 두 얼굴을 하고 있다 • 양면의 길

2010년, 유럽우주국이 '검 19'Gum 19라는 성운을 촬영한 사진을 공개했다. 적외선 카메라로 찍은 이 성운을 보면 반은 어둡고 반은 밝게 빛난다. 이런 이유로 검 19는 '두 얼굴의 성운' 혹은 '야누스 성운'으로 불린다. 이 성운은 지구로부터 2만

검 19 ➔ 유럽우주국이 공개한 성운 검 19의 모습. 반은 빛, 반은 암흑으로 되어 있다.

2000 광년 떨어져 있으며, 밝게 빛나는 반쪽은 'V391 벨로럼' 이라는 큰 별의 빛을 받아 빛난다고 한다.

길 역시 이 야누스 성운을 닮아 빛과 그림자의 두 얼굴을 지니고 있다. 야누스가 로마의 문지기 신이니 내친김에 로마 제국의 길 이야기를 좀 하자.

로마 제국은 약 1200년 간 지중해를 중심으로 한 초강대국이었다. 중국의 진시황이 제국을 건설한 뒤 제국 외부와의 왕래를 막고 단절하는 만리장성을 쌓은 것과 달리, 로마 제국은 유럽, 중동, 북아프리카에 걸쳐 개방된 길을 닦았다. 로마 제국의 길은 주요 길만 해도 8만 킬로미터가 넘었고, 주요 길로 이어지는 작은 길까지 합치면 무려 30만 킬로미터에 이르렀다고 한다.

야누스 성운의 빛에 해당하는 로마의 번영은 바로 이 길과 함께했다. 이 길을 통해 강력한 로마 군대가 이동했고, 식민지로부터 빼앗은 값비싼 물건들이 로마로 들어왔다. 한편, 성운의 어두운 그림자에 해당하는 로마의 쇠퇴 또한 이 길을 따라 진행되었다. 로마를 멸망시킨 북방의 게르만족이나 동방의 고트족과 같은 적의 군대도 바로 이 길을 통해 로마로 들어왔으니 말이다.

이렇듯 길은 사람 목숨을 살리는 '생명선'이기도 하고, 인간의 역사에서 펼쳐지는 모든 만남과 헤어짐이 일어나는 곳이기도 하며, 번영과 쇠퇴를 가져오는 두 얼굴의 야누스이기도 하다.

역사를 바꿔 놓은 길 • 토끼비리

경상북도 문경에는 '토끼비리'라는 아슬아슬한 벼랑길이 있다. '비리'란 강가나 바닷가의 낭떠러지를 뜻하는 사투리이다. 지금도 토끼비리를 지날 때면 긴장하고 주의해야 한다. 까불면 절대 안 된다는 뜻이다. 토끼비리는 폭이 30센티미터가 채 되

토끼비리 ➔ 오랜 세월 동안 수많은 사람의 발길에 닳아 반들반들해진 이 길을 따라 걷다 보면 주위의 아름다운 경관을 즐길 수 있다. ©문화재청

지 않는 곳도 있다. 조선 시대에 서울과 부산을 이어주던 영남대로에서 가장 험했던 길이다.

조선 선조 때의 재상 유성룡은 임진왜란 당시 신립 장군이 토끼비리가 아닌 충주 탄금대에 배수진을 치는 바람에 전투에서 졌다며 크게 비판한 바 있다. 토끼비리 옆에는 삼국 시대의 산성인 고모산성이 있어 적을 방어하기에 적합했고, 토끼비리의 험한 지형을 이용하면 적을 쉽게 무찌를 수 있었기 때문이다. 토끼비리는 이렇듯 좁고 험한 길이었지만 출세를 꿈꾸는 영남 유생들과 부자를 꿈꾸는 보부상들이 지나다녔고, 중국과 일본의 문화가 교차하기도 했다.

토끼비리 주변 지형을 보면, 토끼비리를 통과하지 않고는 어디로도 이동할 수 없다. 이런 곳에 1100년 전에 고려의 태조 왕건이 왔다고 한다. 당시 왕건은 견훤에게 쫓기는 신세였고, 간신히 이곳에 도착했으나 사방을 둘러봐도 길이 보이지 않아 당황하고 있었다. 그런데 때마침 그곳을 지나던 토끼가 벼랑을 타고 가는 것을 발견하여 비탈면을 파고 돌을 골라 한 사람이 간신히 지날 수 있는 길을 만들었다. 이렇게 만든 길의 길이가 구불구불 2.5킬로미터나 되었다. 왕건의 군대는 이 좁은 길을 따라 이동할 수 있었다.

이러한 역사적 사실과 국내 유일의 잔도(험한 벼랑에 낸 길)라는 의의로, 토끼비리는 옛길로는 전국 최초로 2007년에 국가 지정 명승(제31호)이 되었다. 토끼비리는 '토끼가 열어준 길'

이라는 뜻으로 '토천'(兎遷)이라고도 한다. 만약 왕건이 길을 찾지 못하고 견훤에게 붙잡혔다면 우리의 역사가 어떻게 되었을까? 흥미롭게도 토끼가 알려준 길이 역사에서 중요한 역할을 한 셈이다.

2

우리와 또 다른 사회를 연결하는 길

하나의 사회는 길을 통해 확대되고, 다른 사회로 확산된다. 따라서 길을 낸다는 것은 내가 다른 사람에게 그리고 우리 사회에서 다른 사회로 간다는 뜻이며, 반대로 다른 사람과 다른 사회가 내게 다가온다는 뜻이기도 하다. 그래서 길은 누군가에게는 기쁨이고 설렘이기도 하지만 누군가에게는 슬픔이고 두려움이기도 했다. 과거 조선이 중국이나 일본의 침략에 대비하여 길을 내기를 꺼렸던 이유, 로마가 공격적으로 길을 만들어 갔던 이유는 바로 길이 생기면 또 다른 세상과 이어진다는 사실을 알았기 때문일 것이다. 그렇지만 길이 있다고 다 갈 수 있는 것은 아니다. 현재, 우리 정부는 북한과의 평화통일 길을 만들기 위해 노력하고 있다. 언젠가는 그 길로 사람과 물자가 흐르기를 희망한다. 경의선이나 경원선처럼 100년 전에 낸 길이 있지만 그 길은 없는 것과 같다. 왜냐하면 길의 가장 큰 역할은 사람과 사람, 지역과 지역, 곧 사회와 사회를 잇는 것이기 때문이다.
또 기억해야 할 일이 있다. 길을 빠르게 잇는 것만큼 따뜻하게 잇는 것이 중요하다는 사실이다. 상대에 대한 배려 없이 자신의 이익만을 추구하는 길은 폭력에 지나지 않을 것이다.

좋은 길은 침략을 초래한다? · 조선의 길

19세기 말에 우리 땅을 여행한 러시아 사람 루벤초프는 조선의 길을 보고 질려 버렸다. 사람은 많이 사는데 길이 원시적이라고 느낀 것이다. 그는 '아마도 조선은 도로를 만들 줄 모르는 모양'이라고 생각했던 듯하다.

실제로 조선 후기 실학자나 정치가들 중에도 루벤초프와 비슷한 생각을 하는 사람이 많았다. 김옥균은 "풍년이 들어도 길이 없으면 남은 곡식을 부족한 곳으로 옮길 수 없다. 넓은 도로는 빠르고 편히 이동할 수 있어서 혼자서 열 명 일을 할 수 있다. 그리하면 나머지 아홉이 공업에 힘써, 놀고먹는 사람을 크게 줄일 수 있다."며 길의 중요성을 강조했다. 또 윤형원도 "조선은 마땅히 도로 정비를 위해 인력을 확보하고, 백성에게는 수레를 쓰도록 권해야 한다. 수레는 육로의 교통수단 중 비교할 것이 없을 정도로 큰 이점이 있다.”고 했다.

그러나 백성 대부분은 수레를 이용하기보다는 걸어 다녔고, 화물을 운반할 때도 동물을 이용하기보다는 사람이 직접 끄는 손수레를 이용했다. 손수레 이외에는 지게를 많이 사용했고, 일부 지방에서는 소한테 썰매와 비슷한 ‘발구’를 끌게 했다.

과거 이 땅에 살았던 사람들은 길을 만든 것이 아니라 길을 열었다. 오랜 세월 동안 자연스럽게 다니던 발자국이 길을 연 것이다. 서양에서는 고대부터 도로가 만들어졌지만, 우리 땅에서는 20세기 이전까지 대규모 도로를 적극적으로 건설했던 기록이 없다.

그럼, 우리나라에서는 왜 로마처럼 적극적으로 도로를 만들지 않았을까? 여러 가지 설이 있다. 삼면이 바다인 나라에서 소, 말 고생시키며 도로로 다니느니 바다를 통해 이동하는 것이 훨씬 쉬웠다. 그리고 강을 이용하면 많은 짐을 더 빠르게 수송할 수 있기도 했다. 또 다른 주장도 있다. 우리 민족은 고조

선부터만 따져도 무려 931회에 달하는 침략을 당했다. 이는 약 3년에 한 번꼴로 전쟁을 했다는 소리다. 이런 경험 탓에 우리 민족에게는 '넓은 도로는 적에게 유리하여 영토를 잃을 수 있다'는 생각이 자리 잡았다. 그러다 16세기에 임진왜란을 겪으면서 사람들은 도로 건설에 소극적이다 못해 '도로를 건설하는 것은 곧 나라가 망하는 길'이라고 강하게 믿게 되었다. 배우지 못한 백성의 생각이 아니라 양반이나 왕까지도 그렇게 생각했다고 한다.

조선의 여행가는 하루에 얼마나 갔을까? · 조선 길의 이동 속도

조선 시대에는 10리(약 4킬로미터)마다 '소후', 20리마다 '대후'라는 이정표를 길 위에 세워 지역 간 거리를 알 수 있게 했다. 또 5리마다 정자를 세워 지친 여행자가 쉬어 갈 수 있도록 했다. 그럼 그 당시 여행가는 하루에 얼마나 갔을까?

오원이 쓴 여행기인 「청협일기」를 보면 우리 조상들의 하루 이동 속도를 알 수 있다. "총 18일 여행 기간 중 가장 멀리 이동한 거리는 120리이고, 보통 하루에 30~100리를 이동했다. 여행 중 한눈 팔지 않고 온종일 오로지 걷기만 한다면 평균 70~80리를 이동했다."고 한다. 그리고 이동 거리가 먼 여행은 3~10월 사이에 했다. 주로 걷거나 마부가 끄는 말을 타고 이동했기 때문에 빠른 속도를 내지는 못했다. 전기가 없던 시대여서 해가 뜨면 걷기 시작해 해가 지면 걸음을 멈췄다. 밤에 이동하다가는 더러운 개울에 빠지거나 굶주린 호랑이를 만나 위험에 처할 수도 있고 귀신을 만날지 모른다는 두려움도 커서 대부분 낮에 이동했다. 한편, 장사하러 떠나는 장돌뱅이는 여행을 떠나는 양반들처럼 느긋하게 이동할 수 없었다. 해가 져야 장이 파했기 때문에 이들은 저녁 무렵이나 새벽 무렵의 시간을 이용해 이동했다. 조선 후기 장과 장의 평균 거리는 약 18킬로미터였고, 상인들은 4시간을 걸어 이동했다.

우리 땅에도 국가적인 육상 교통망이 있었다 • 역도

우리 조상이 도로 건설을 소홀히 한 것은 맞다. 그렇다고 해도 국가를 운영할 수 있는 수준의 육상 교통망(도로망)은 있었다. 우리 땅의 육상 교통망은 역사가 오래되었다. 신라 때 오늘날 우편 제도와 같은 '우역 제도'가 시작되었고, 7세기 이전에 전국적인 교통·통신 체계가 수립되었다. 고려 시대에는 제도가 정비되어 전국에 22개의 역도와 도로마다 10~42개의 역(총 525개)이 설치되었다. 그리고 역에는 역전이라는 밭을 주어 경비로 쓰게 했다.

역도는 파발마가 뛰어다니며 왕이 있는 중앙정부와 사또가 있는 지방정부를 연결하는 길이다. 이 길은 로마의 도로 같은 포장도로가 아니다. 기존의 길을 이용한 것이다. 그리고 파발꾼이 정부의 문서를 전달할 때, 관리들이 공적인 일로 이동하거나 물건을 운반할 때 먹고 잘 수 있도록 역도 중간 중간에 숙박 시설과 식당을 설치했다.

조선은 고려보다 두 배 이상의 도로망을 관리했다. 6대 주요 간선도로를 중심으로 전국적인 도로망을 구축했다. 그리고 주요 간선도로 주변에는 약 30리(약 12킬로미터)마다 역과 참을 두었다. 역은 국가의 교통과 통신 거점으로서 행정적인 통

조선 후기의 전국 간선 도로망 ➔ 도로 건설과 정비에는 소극적이었지만 도로망은 잘 짜여 한양 경복궁 앞을 중심으로 의주로, 경흥로, 평해로, 동래로, 제주로, 강화로의 6대 간선 도로를 포함한 전국 도로망이 구축되었다. 한편, 임진왜란 이후 군사 통신을 전담하는 파발제가 생겨나 한양-의주를 잇는 서발, 한양-경흥 간의 북발, 한양-동래 간의 남발이 파발로로 이용되었다.

❶한양~의주
❷한양~서수라
❸한양~평해
❹한양~부산(좌로)
❺한양~통영(중로)
❻한양~통영(우로)
❼한양~제주
❽한양~수영
❾한양~강화
❿한양~봉화(태백산)

신과 공물 수송을 담당했고, 참은 공적인 일로 여행하는 사람에게 먹을 것과 잠자리를 제공했다. 국가에서 운영한 참이나 관 말고도 개인이 운영하는 숙식 시설인 원이 크게 발달하기도 했다. 원은 대부분 절에서 설치·운영하는 경우가 많았는데, 조선 시대에는 억불 정책을 시행함에 따라 국영화되었다. 원이 가장 번성한 시기에는 전국에 1200여 개가 분포한 때도 있었으나, 조선 중기 이후 나라에서 경영하는 원은 점차 쇠퇴하고 18세기에 접어들면서 주막, 객주 등과 같은 사설 여관 시설들로 대체되었다.

고려 시대와 조선 시대에는 인구와 물산이 중부 및 남부 지방에 집중되어 있었기 때문에 도로망이나 역, 원 등의 시설들도 대부분 중부 이남에 분포했다. 조선 말 갑오개혁 이후로는 역제와 파발제가 폐지되면서 우체사와 철도국이 그 기능을 대신하기 시작했고, 옛 도로망은 일본이 신작로를 내면서 점차 사라졌다.

더 널리 탐험하고 확장하는 서양의 길 · 로마의 도로

서양의 길은 동양의 길보다 인공적인 것이 특징이다. 동양의 길이 소박하다면, 서양의 길은 화려하게 단장되어 있다. 호기심을 채우기 위해 자유롭게 이동하는 것을 즐겼던 서양인은 새로운 곳에 빠른 시일 내에 다다를 수 있게 해 주는 길에 관심이 매우 많았다. 서양에서 길은 성장과 번영, 그리고 발전을 의미한다.

이런 서양의 길을 대표하는 것이 바로 로마의 도로다. '모든 길은 로마로 통한다'라는 유명한 말이 있을 만큼 로마는 도로의 나라였다. 로마인이 만든 '아피아 가도'는 기원전 300년경 만들어진 세계 최초의 인공 포장도로다. 아피우스가 건설했다고 해서 그의 이름을 붙인 아피아 가도는 로마에서 카푸아까지 연결한 212킬로미터의 도로로 시작되었다. 아피아 가도는 땅을 파고 자갈을 채워 넣은 후 넓은 돌로 덮어 만들었다. 또 길 가장자리에 배수로를 만들어 침수 피해에 대비했다. 도로의 중앙은 2차선이며, 좌우로 보조 차선이 있고 가운데가 볼록해서 물이 잘 빠졌다. 그리고 구간마다 건설자의 이름을 붙여 도로 이름을 만들었다. 이후 이 도로는 두 배 넘게

로마의 아피아 가도 ➔ 북유럽, 스페인, 아프리카, 아시아까지 뻗어 나간 이 도로는 작은 도시 국가로 출발한 로마를 거대한 제국으로 만드는 데 큰 역할을 했다.

고대 로마의 주요 도로망 ➔ 로마가 도로를 엄청나게 건설한 또 하나의 이유는 영토에 비해 적은 군인을 보완하기 위해 보급로 확보가 중요했기 때문이다. 군인뿐만 아니라 주민들도 도로를 화물 운반에 이용하기도 했다.

연장되어 이탈리아의 브린디시까지 닿게 된다.

로마는 다른 민족의 문화까지 끌어안는 포용력과 단숨에 먼 지역까지 달려갈 수 있는 고속도로를 바탕으로 대제국을 건설했다. 특히 도로는 작은 도시 국가로 출발한 로마가 거대한 제국으로 거듭날 수 있었던 중요한 배경이다. 로마의 도로는 이탈리아는 물론이고 그리스, 더 나아가 프랑스, 독일까지 뻗어 나갔다. 그런 이후 로마의 도로는 북유럽, 스페인, 아프리카, 아시아까지 이어진다. 총 29개 노선으로 이루어진 도로의 길이는 8만 킬로미터이며 여기서 갈라져 나온 지선까지 합치면 무려 15만 킬로미터로, 지구를 약 세 바퀴 반 돈 거리이다. 로마는 상대국을 정복한 뒤에 자기 나라와 같은 방식의 도로를 만들었다. 이 길을 따라 로마의 제도와 문화가 빠르게 전파되었고, 식민지로부터 빼앗은 노예와 물자가 로마로 들어왔다.

자연과 더불어 소박한 동양의 길 · 차마고도

동양의 길은 자연을 닮았다. 동양의 길은 산을 절단 내거나 골짜기를 메워 만든 넓은 포장도로라기보다는 사람과 물자, 그리고 말 같은 운반용 동물과 마차가 오가면서 자연스럽게 생겨난 소박한 이동로였다. 그래서 동양에서 길은 서로 필요에 따라 오고 가는 실용적인 통로였다.

동양을 대표하는 길로는 비단길보다도 200년이나 앞선 차마고도(茶馬古道·**Tea Road**)가 있다. 차마고도는 중국의 차(茶)와 티베트의 말(馬)을 교환하던 통로였으나, 차나 말 외에 소금, 약재, 곡식도 교류되었다. 이 길은 중국 윈난성에서 티베트를 넘어 미얀마, 베트남, 인도까지 5000킬로미터를 잇는다.

당나라 이후 중국은 북방 민족과 싸우기 위해 티베트의 말이 필요했고, 버터나 치즈를 주로 먹었던 티베트 유목민에게 차

차마고도 ➔ 근대에 들어 차마고도를 따라 도로가 많이 건설되었지만 아직도 일부 마방들이 활동하고 있다. 2007년에 KBS가 다큐멘터리를 제작하면서 우리나라에도 널리 알려졌다.

는 부족한 비타민을 섭취할 수 있는 유일한 음식이었다. 이런 이유로 차와 말의 교역이 갈수록 번성했고, 그러다 보니 '마방'이라 불리던 상인들과 말의 발자국을 따라 길이 생겨났다. 마방은 말과 야크를 이용해 100일 이상을 걸어서 이동했다. 마방의 보따리에서 나오는 물건은 거의 부르는 게 값일 정도로 비쌌다.

차마고도는 '세계에서 가장 높은 길', '세계에서 가장 오래된 교역로', '세계에서 가장 아름다운 길'로 불린다. 차마고도가 이렇게 불리는 이유는 자연을 닮았기 때문이다. 기원전 2세기 이전부터 있었던 이 길은 산과 계곡을 따라 났지만, 자연에 큰 상처를 내지 않고 해발 1700~5000미터 사이를 오르내리며 눈

덮인 산, 빙하 호수, 가파른 협곡, 넓은 초원 등을 잇는다. 특히 5000미터 이상의 눈 덮인 산과 창장강 상류, 메콩강 상류, 살윈강 상류가 만나 협곡을 이루는 '싼장빙류'(三江竝流) 지역의 길은 2003년에 유네스코 세계 자연유산이 되었다.

오늘날에는 마방이 거의 사라졌지만, 아직까지 이삼 일은 걸어야 큰 도로에 닿을 수 있는 티베트 오지 마을에는 마방이 산다. 이들은 차마고도를 '새와 쥐가 다니는 좁은 길'이라는 뜻의 '조로서도'(鳥路鼠道)라고도 부른다.

수탈을 위한 길 · 일본의 신작로

일본은 1894년에 중국 청나라와 벌인 전쟁에서 이기고, 1904년에 치른 러시아와의 전쟁에서도 이기면서 20세기 초에 강대국으로 부상한다. 두 전쟁의 결과는 일본이 조선을 통째로 삼키는 비극으로 이어진다. 일본은 조선을 점령했지만, 전쟁을 치르는 과정에서 갚아야 할 빚이 많아졌다. 그래서 일본은 우리 땅에서 빼앗을 수 있는 것은 죄다 빼앗아 그 손실을 채우려 했다.

그런데 문제는 길이었다. 조선은 도로를 제대로 만들지 않아서 식량이든 지하자원이든 마음껏 가져갈 수가 없었다. 이에 일본은 1906년에 차도국을 신설하고, 1907년부터 주요 간

선 도로를 보수하거나 새 도로를 건설하기 시작했다. 그 길은 빼앗을 물건이 있는 곳에서 일본으로 가는 바닷길로 이어졌다. 일제 강점기가 끝난 1945년까지 이 땅에 만들어진 도로는 2만 4천 킬로미터가 넘었고, 그 길을 이용해 쌀부터 시작해서 소나무, 석탄, 석회석, 그리고 일본에서 일할 젊은이들까지 그들의 이익을 위해서라면 무엇이든지 가져갔다.

오늘날 일본은 일제 강점기 때 자기들이 자동차가 다닐 수 있는 넓은 도로를 건설했고, 도로와 관련된 법규를 정하는 등 우리나라 발전에 이바지했다고 주장한다. 하지만 그들이 건설했다는 신작로는 사실 기존에 있던 길을 넓히거나 새로 닦은 정도다. 그리고 사실상 새 도로는 1960년대 이후 고속도로, 터널, 고가도로 등이 생기면서 나타난다. 또한 그들이 만든 신작로와 관련한 모든 일은 더 많이 빼앗기 위한 과정이자 침략일 뿐 땀 흘려 도로를 건설한 일꾼도 우리 민족이고, 도로 건설에 들어간 비용도 우리 돈이었다. 양계장 주인이 닭에게 사료를 열심히 주는 것이 닭을 위한 것은 아니지 않은가.

한반도에 아우토반 시대가 열리다 · 경부고속도로

로마 제국의 멸망 후 1000년 간 중세 유럽은 암흑기라는 어둠의 시간을 보낸다. 그러다 르네상스 시대인 16세기에 마차 교통이 발달하기 시작하면서 도로에 대한 관심이 다시 커졌다. 그리고 18세기에 산업 혁명으로 교역이 늘어나면서 도로 정비 사업과 함께 도로 건설 기술이 발전했다. 영국에서 시작된 매캐덤 공법은 도로 건설에 획기적인 변화를 일으킨다.

르네상스 시대

르네상스는 학문 또는 예술의 재생·부활이라는 의미를 지니는데, 프랑스어의 renaissance, 이탈리아어의 rina scenza, rinascimento에서 어원을 찾을 수 있다. 고대의 그리스·로마 문화를 이상으로 삼아 이를 부흥시킴으로써 새 문화를 창출하려는 운동으로, 그 범위는 사상·문학·미술·건축 등 다방면에 걸친 것이었다. 5세기 로마 제국의 몰락과 함께 중세가 시작되었다고 보고 그때부터 르네상스에 이르기까지의 시기를 인간성이 말살된 시대로 규정함으로써, 고대의 부흥을 통하여 이 야만 시대를 극복하려는 것을 특징으로 한다.

이 공법은 바닥에 잘게 부순 돌을 깔기 때문에 물이 잘 빠지고 바퀴가 진흙에 빠지지 않았다. 또 내연기관의 발명 덕에 성능이 향상된 엔진과 공기 고무 타이어가 장착되자 자동차가 고속으로 달릴 수 있게 되었다.

자동차는 도로에 혁명을 가져온다. 마차보다 무겁고 빠른 자동차가 다닐 수 있는 안전한 도로가 만들어지기 시작했다. 1854년, 파리에 아스팔트 도로가, 1865년에는 스코틀랜드에 시멘트 포장도로가 처음 등장했다. 이윽고 1932년에 독일에서는 속도 무제한 도로로 알려진 세계 최초의 고속도로 아우토반이 만들어진다. '자동차 도로'라는 뜻의 아우토반은 독재자 히틀러 시대에 건설되기 시작했다. 그 당시 히틀러는 실업자를 줄이고 부족한 수송 능력을 해결하기 위해 고속도로 건설을 했다고 한다. 히틀러 시대에만 약 4000킬로미터가 건설된 아우토반은 독일과 유럽 각 지역을 연결하면서 독일에 막대한 부를 가져왔다. 하지만 독일은 그 부를 바탕으로 2차 세계 대전을 일으켜 세계를 위기로 몰고 갔고, 결국 패전하고 말았다.

오늘날 아우토반은 실제로는 전체 구간 중 약 40퍼센트가 속도 제한(시속 100~130킬로미터) 구역이다. 특히 베를린 같은 대도시 부근에는 거의 속도 제한 팻말이 있다. 1970년대 석유 파동 이후 에너지 절약과 안전 문제 등으로 속도를 제한하기 시작했다.

아우토반은 경부고속도로와도 인연이 깊다. 1964년에 독

경부고속도로 개통 ➔ 1970년 7월 7일, 경부고속도로가 개통되었다. 이로써 서울-부산 간 주요 도시를 지나는 천릿길이 뚫렸다.

일을 방문한 박정희 전 대통령이 아우토반을 시속 160킬로미터로 달려 본 후 고속도로 건설을 결심했다고 한다. 그리고 6년 뒤, 한국에서 428킬로미터의 경부고속도로가 완공되었다.

고개를 넘어야 만날 수 있다 · 산과 산 사이

우랄산맥은 유럽과 아시아의 경계가 되고, 히말라야산맥은 중국과 인도의 경계가 된다. 알프스산맥은 북서 유럽과 남부 유럽의 경계가 되고, 스칸디나비아산맥은 노르웨이와 스웨

덴의 경계가 된다. 이처럼 산맥은 국가와 국가 간, 지역과 지역 간 경계가 되고, 산맥을 경계로 양쪽의 문화나 기후가 달라진다.

산맥이 경계가 되는 일은 우리 땅에서도 흔하다. 태백산맥은 영동과 영서 간, 소백산맥은 경상도와 전라도, 충청도, 강원도 간, 노령산맥은 전라북도와 전라남도 간 경계가 된다. 그리고 북한 땅에 있는 낭림산맥은 함경도와 평안도 간, 묘향산맥은 평안도와 자강도 간 경계가 된다. 하지만 아무리 높은 산맥이라 하더라도 바람이 넘고 짐승이 넘고 사람이 넘는 산길, 바로 '고개'가 있다.

고개는 높은 산과 산 사이에 있는 비교적 낮은 능선을 말한다. 옛사람들의 발자국이 산의 낮은 등허리에 쌓이고 쌓여 고개가 되었다. 고개를 넘는다는 것은 내가 가려는 곳에 가까워진다는 뜻이기도 하지만, 몹시 어려운 길 하

우리나라의 산맥 ➔ 남-북 방향으로 뻗은 낭림, 마천령, 태백산맥은 높고 험준하며, 그 주위로 다른 산맥들이 빗살처럼 뻗어 있다.

나를 통과한다는 뜻도 된다. 그도 그럴 것이 인적이 드문 산길은 귀신이 튀어나올 것 같아 무서운 것도 있지만, 실제로 호랑이 같은 맹수나 칼을 든 산적들이 출몰했기 때문에 몹시 위험했다. 그렇다 보니 사람들 입에서 고개에 얽힌 이야기가 끊이지 않았고 이제는 전설이 되어 전해지고 있다.

고개를 나타내는 한자어로는 '령'(嶺), '현'(峴), '치'(峙), '천'(遷) 등이 있고, 순우리말로는 '재', '고개' 등이 있다. 이 말들은 생활 속에서 뒤섞여 쓰이고 있다. 예를 들어, 전라남도 장성과 전라북도 고창을 잇는 '솔재'라는 고개는 송치(松峙), 송치재, 솔고개, 솔령, 솔령재 등 다양하게 불린다. 고개가 어떻게 불리든 양쪽 지역을 이어주는 것은 분명하다.

조령, 죽령, 추풍령은 경상북도와 충청북도를, 육십령과 팔량치는 경상남도와 전라북도를, 노령은 전라북도와 전라남도를, 추가령은 북한의 강원도와 함경남도를 이어준다.

우리나라는 전 국토의 65퍼센트가 산이다. 세계지도에서 본 우리나라는 산이 즐비한 산악 지역이다. 북한에는 해발고도가 2000미터가 넘는 높은 산이 있고, 남한에서 1500미터가 넘는 높은 산은 대체로 동쪽에 있다. 따라서 우리 땅에 살았던 사람들은 북쪽으로 이동하거나 동쪽으로 이동하는 데 어려움이 컸다. 그렇다고 해서 서쪽과 남쪽에 산이 없다는 뜻은 아니다. 서쪽과 남쪽에도 500미터 미만의 낮은 산이 즐비하고, 1000미터가 넘는 산도 있다.

이런 땅에서 사는 사람들은 산을 넘지 않고서는 짐승을 사냥할 수도, 영토를 넓힐 수도, 새 친구를 사귈 수도 없었다. 결국 우리 땅에서는 싫든 좋든 산을 넘고 고개를 지나야만 꿈과 만날 수 있었다.

더는 오지가 아니다 · 가룽라 터널

2010년에 시짱 자치구(티베트) 모퉈현과 보미현을 잇는 가룽라 터널이 뚫렸다. 이 터널은 무려 해발고도 3750미터에 자리 잡고 있으며 그 길이는 3310미터이다.

모퉈현의 주민은 중국 한족이 아니라 소수민족인 티베트계 먼바족과 뤄바족이다. 이중 뤄바족은 중국과 인도에 나뉘어 살고 있으며 대부분은 인도에 살고 있다. 실제로 모퉈현의 남부 일부는 인도가 실효적으로 지배하고 있다.

모퉈는 티베트 불교인 라마교 성지 중 한 곳으로, 그곳 사람들은 지금도 자신들의 언어를 쓰고 티베트 불교의 전통을 실천하며 살고 있다. 히말라야산맥에 자리 잡은 모퉈는 인구 약 1만 2천 명이 사는 곳으로, 가룽라 터널이 뚫리기 전까지는 중국에서 유일하게 자동차로 갈 수 없는 곳이었다. 이런 곳에 길이 뚫린 것이다.

이 터널이 뚫리던 날, 중국 관영 런민 라디오의 기자는 엄마에게 전화를 걸어 "엄마, 터널이 뚫렸어요. 이제 설산을 넘을 필요가 없어요."라며 감격의 눈물을 흘렸다고 한다. 이는 곧 3킬로미터가 넘는 어둡고 긴 터널을 지나서라도 다른 세상과 통하고 싶었던 사람들의 간절한 목소리이기도 했다.

이로써 중국과 인도 간 분쟁이 있는 땅이며, 설인이 살 것 같은 고원의 외딴섬으로 불리던 모퉈는 중국 2100여 개 현과 도로로 연결되어 세상과 통하게 되었다. 하지만 잊지 말아야 할 점이 있다. 터널은 양방향으로 뚫려 있다는 사실이다. '중국의 소수민족으로 나름대로 전통을 지켜왔던 모퉈 사람들이 앞으

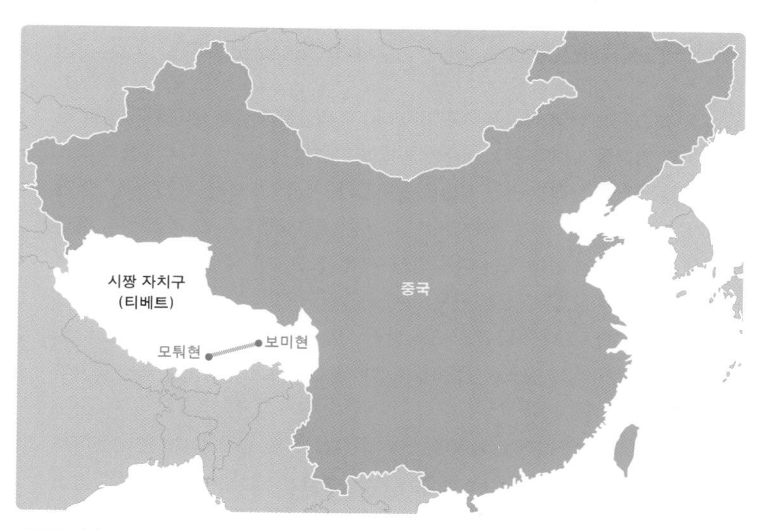

가룽라 터널 ➔ 보미현에서 모퉈현으로 가려면 117킬로미터의 구간의 도로를 개설해야 하는데, 그러려면 해발 4000미터 이상의 설산인 가룽라와 둬슝라를 지나야 했다. 이 지역은 잦은 지진뿐만 아니라 거대한 협곡이 있어 실패를 거듭하다가 마침내 가룽라 터널(약 3킬로미터)을 개통함에 따라 조만간 도로 전체 구간이 뚫릴 예정이다.

가장 오래된 인공 터널 '히스기야 터널'

1.3미터쯤 남았을 때 반대편에서 상대방을 부르는 목소리가 들렸다.
터널이 뚫렸을 때 동료를 얼싸안고 도끼를 서로 부딪쳤다.
물은 샘으로부터 1천 2백 규빗(525미터)을 흘러나왔다.

위 글은 히스기야 터널 벽에 새겨진 것이다. 그 내용은 터널이 완공되기 직전 터널을 파던 일꾼들의 대화이다. 거대한 암반에 구멍을 내서 만든 예루살렘의 히스기야 터널은 가장 오래된 인공 터널로 알려졌다. 지금으로부터 약 2700년 전 아시리아가 유다를 공격하기 위해 유다의 수도인 예루살렘으로 오고 있었다. 예루살렘이 포위되면 성 밖에 있는 기혼 샘을 쓸 수 없으므로 유다의 히스기야 왕은 기혼 샘으로부터 성 안 실로암 연못으로 물을 끌어오기 위해 터널을 팔 결심을 한다. 터널은 청동 도끼로 바위를 쪼는 방법으로 양쪽 끝에서 뚫기 시작했다. 일꾼들은 폭 60센티미터 정도의 공간에서 횃불에 그을리고 사방으로 튀는 돌가루를 맞아 가며 터널을 팠다.

히스기야 터널과 관련하여 궁금증이 하나 생긴다. '기혼 샘에서 실로암 연못까지는 직선 거리로 315미터인데 왜 터널을 구불구불하게 525미터나 팠을까?' 하는 것이다. 그것은 물이 흐르는 곳을 따라 팠기 때문이다. 그 덕분에 양쪽 끝에서 파기 시작한 사람들이 중간에서 만날 수 있었던 것이다. 예루살렘을 점령하기 위한 아시리아의 전술은 6개월 동안 비가 오지 않는 건기에 성을 포위하는 것이었다. 하지만 히스기야 터널 덕분에 예루살렘이 충분히 버틸 수 있었다.

로도 그들의 전통을 지킬 수 있을까?' 하는 우려가 드는 이유다.

인류 최고의 지름길이 열리다 · 파나마 운하

1880년, 프랑스는 태평양과 대서양을 잇는 파나마 운하를 파기 시작했다. 수에즈 운하 건설에 성공한 프랑스는 파나마 운하를 7년이면 끝낼 것이라고 큰소리쳤다. 그러나 대서양과 태평양은 밀물과 썰물 때의 수위 차이 탓에 해수면의 높이가 달랐고, 운하가 지나야 하는 길에는 고도 116미터의 바위산이 떡하니 버티고 있었다. 결국 기술 부족과 말라리아, 황열병 그리고 안전사고 등으로 2만 명 이상이 죽어 나간 뒤에야 9년 만에 포기했다. 그리고 4천만 달러에 운하 부설권과 장비를 미국에 팔았다. 파나마 운하는 16세기에 에스파냐도 도전했다가 실패한 적이 있었다. 그만큼 오래전부터 필요하다고 생각했지만, 현실적으로 땅을 파서 뱃길을 낸다는 것은 어려운 일이었다. 19세기 말, 미국은 에스파냐에게서 필리핀과 괌을 빼앗고 하와이를 마지막 주로 합병했다. 태평양과 아시아에 진출한 미국은 미국 동부에서 태평양으로 빠르게 가는 길이 더욱 절실해졌다. 마침내 1914년, 미국은 10년 동안 줄기차게 땅을 판 덕에 길이 82킬로미터의 파나마 운하를 완공하고, 그 구역을 미국령으로 선포한 뒤 영구 조차권도 확보했다. 미국은 정당한

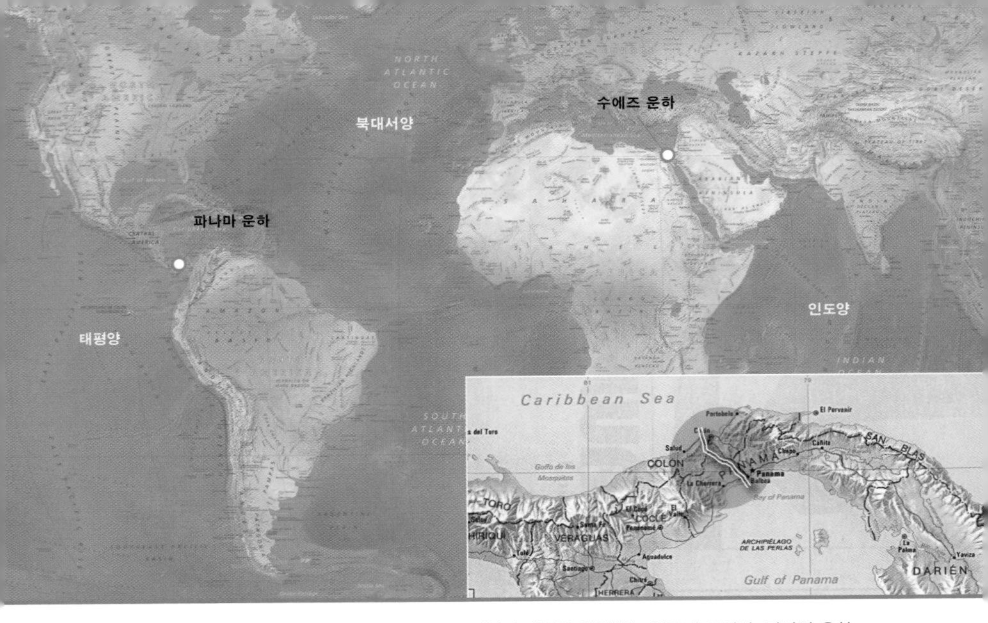

파나마 운하 ➔ 파나마 운하는 수에즈 운하와 더불어 대양을 연결하는 인공 수로이다. 파나마 운하는 차그레스강을 막아 만든 가툰호와 인공적으로 건설한 미라플로레스호, 두 호수 사이를 굴착해 만든 쿨레브라 수로로 이루어져 있다.

계약이라고 주장하지만 미국의 반식민지 상태였던 파나마로서는 어쩔 수 없는 선택이었다. 파나마 운하를 통하면 화물선이 미국 동부에서 남미 대륙의 꼬리에 있는 마젤란 해협을 돌아 태평양으로 가는 길보다 1만 4800킬로미터나 가까웠다. 이는 코린트 운하가 아테네의 외항 피레에프스와 이탈리아의 브린디시 사이의 뱃길을 320킬로미터, 수에즈 운하가 인도에서 영국으로 가는 뱃길을 6400킬로미터 단축한 것과 비교해 보면 단연 최고의 지름길이다. 또 남미 대륙을 돌아서 가려면 68일이나 걸렸지만, 파나마 운하로 가면 시속 3.2킬로미터의 느린

속도와 기다리는 시간까지 고려해도 24~30시간밖에 걸리지 않았다.

파나마 운하는 파나마 독립의 1등 공신이다. 콜롬비아 식민지였던 파나마는 운하 건설에 욕심을 낸 미국의 지원으로 1902년에 독립하게 된다. 하지만 미국이 운하의 모든 이익을 챙겨가면서 미국에 대한 파나마 국민의 불만은 커져 갔다. 1964년, 파나마의 한 고등학교에서 미국 성조기와 파나마기를 같이 달지 않고 성조기만 다는 사건이 일어났다. 파나마 학생들이 이를 문제 삼아 들고일어났고, 이를 제지하던 군인들이 총을 쏘아 23명의 사상자를 냈다. 이에 격분한 파나마 국민들은 "미국은 물러가라!"고 외치며 거리로 쏟아져 나왔고, 이후에도 파나마 사람들의 저항은 계속되었다. 결국 1977년, 미국은 파나마에 운하와 관련된 모든 권한을 넘길 것을 약속했다. 1999년, 미국은 85년 간 통행료로 엄청난 이익을 챙기고 나서야 파나마 국정에 대한 간섭을 멈췄다. 비로소 파나마 국민이 파나마 운하의 주인이 된 것이다.

오늘날 파나마 운하를 통해 미국 수출입 화물의 약 30퍼센트가 이동하고 중국, 일본, 한국의 화물들도 이 운하를 통과해 목적지로 가기 위해 기다리고 있다. 최근에는 늘어나는 물동량을 감당하기 위해 파나마 정부가 나서서 대규모의 운하 확장 공사를 하고 있다.

우리나라 최초의 운하 · 경인 아라뱃길

운하는 불리한 지형을 개선하거나 선박의 항로를 단축할 목적으로 고대부터 세계 곳곳에서 만들어졌다. 한반도에는 2011년에 강과 바다를 잇는 운하로는 처음인 '경인 아라뱃길'이 생겼다. 경인 아라뱃길은 서해(인천 서구)와 한강(서울 강서구)을 연결해 그 사이로 배가 다닐 수 있게 한 인공 수로다.

운하 건설은 생땅을 파고 강에 억지를 부리는 일이다. 따라서 운하 건설을 반대하는 사람들에게는 운하를 만들려는 이들이 멀쩡한 제비 다리를 부러뜨려 박씨를 얻으려는 놀부로 보인다.

2008년, 한반도 대운하 계획이 많은 반대에 부딪히면서 '운

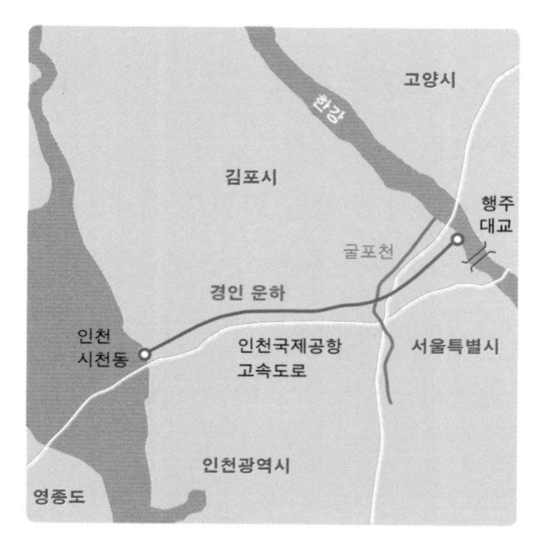

경인 아라뱃길 ➔ 경인 아라뱃길은 영종도 부근 서해~경기도 김포, 부천~행주대교를 잇는 총 길이 18킬로미터, 폭 80미터, 수심 6.3미터의 운하이다.

하'라는 말에 국민의 거부반응이 커졌다. 그래서일까. 경인 아라뱃길은 본래 '경인 운하'라 불렸으나, 2009년경 아라뱃길이라는 깜찍한 이름으로 바꾼 뒤 열심히 생땅을 파서 2011년에 뱃길을 열었다.

800여 년 전, 경기도 김포와 인천 강화도 사이의 좁은 바닷길인 '염하'는 지방에서 거둔 조세를 중앙정부로 운반하던 항로(조운 항로)로, 서울의 경창으로 들어가는 물길이었다. 염하는 물이 높이 차는 밀물 때만 배가 지날 수 있는데, 특히 손돌목* 은 물살이 빠르고 위험했다. 따라서 염하 대신 인천 앞바다와 한강을 직접 연결하는 안전한 물길을 만들기 위해 파기 시작한 물길의 흔적이 오늘날 굴포천이다. 그 당시 바닷가였던 인천시 서구 가좌동에서 한강으로 굴포천을 이용해 물길을 내려 했던 것이다. 하지만 고려와 조선의 기술로는 그 사이에 있는 '원통이 고개'의 단단한 바위로 이루어진 400미터 구간을 뚫을 수가 없었다. 그 후로도 몇 번 더 시도했으나 인력과 기술이 부족해 실패했다.

그러다 1987년에 인천 계양, 경기 김포 등 굴포천 유역에 대홍수가 나자 넘치는 물을 서해로 보내기 위한 새 물길(방수로)이 필요하다는 목소리가 힘을 얻었다. 굴포천은 평소에는 남에서 북으로 흘러 한강과 합류하지만, 홍수가 나면 한강 물이 굴포

손돌목
인천광역시 강화군의 길상면 덕성리와 경기도 김포시 대곶면 신안리 사이의 염하 가운데에 위치한다. 이곳은 염하의 수로 폭이 좁아지면서 물살이 험하고 소용돌이가 잦은 것으로 알려져 있다.

천보다 4미터나 높아져 거꾸로 흐르기 때문에 서해로 물을 빼는 방수로가 필요하다는 주장이었다. 그래서 14.2킬로미터의 방수로를 팠는데, 1995년에 방수로를 평소에는 운하로 이용하자는 주장에 따라 아예 3.8킬로미터를 더 파는 경인 운하로 추진하게 되었다. 하지만 환경 단체의 반대로 사업이 지체되다가 2009년에 다시 공사를 시작했다. 경인 아라뱃길 홈페이지에는 '1000년의 약속이 흐르는 뱃길', '800년 간 이어진 우리 민족의 염원'이라고 홍보되어 있다. 그런데 궁금하다. 800년이 지난 지금, 조운 제도가 사라진 오늘날, 파나마 운하처럼 엄청난 거리를 줄이는 것도 아니고, 그 옆으로 번듯한 고속도로가 있는데, 왜 반드시 운하가 있어야 하는 것인지.

우리나라 최초의 운하 공사

과거 삼남지방(충청·전라·경상)의 세금(세곡)을 실은 배는 태안반도 앞바다 안흥량을 지나 서울로 왔다. 안흥량의 본 이름이 '통행이 어렵다'는 뜻의 '난행량'(難行梁)이었을 만큼 이 바닷길은 조류가 빠르며 암초가 많고, 왜구의 노략질이 빈번해 사고가 잦았다. 조선 태조부터 세조 시기까지만 해도 선박 200여 척이 침몰했을 정도다.
그전 고려 때인 12세기, 안흥량을 피해 가는 길을 모색한 적이 있다. 태안의 '판개(굴포) 운하'는 우리 역사상 최초의 운하 공사로, 가로림만과 천수만 사이 7킬로미터를 잇고자 했다. 그러나 3킬로미터를 남기고 갯벌이 자꾸 무너져 수로를 메워 버리는 바람에 실패했다. 이후 재도전하거나 인근의 개미목도 파 보았으나 500여 년의 노력은 끝내 모두 실패했다.

경인 아라뱃길의 진정한 용도는?

경인 아라뱃길 곁으로 난 자전거 길을 따라 자전거 동호회 사람들이 즐거움을 만끽하고 있다. 하지만 경인 아라뱃길은 자전거 길을 만들 목적으로 낸 것이 아니라 한강에서 곧장 서해로 많은 화물을 운송할 목적으로 만든 물길이다. 그런데 2012년 국정감사에서 개통 후 5개월 간 운항한 화물선은 모두 10척에 불과한 것으로 드러났다. 2조 5천억 원이 들어간 경인 아라뱃길이 애물단지로 전락한 것이다. 개통 이후 2019년 5월까지 7년 간 화물 처리 실적은 사업 계획 당시 예측치 4717만 톤의 8.4퍼센트인 478만 톤에 불과했다. 더구나 경인 아라뱃길로 생긴 교량과 도로를 관리하기 위한 비용이 매년 130억 원씩 들어가고 있다. 또한 투자비 회수를 위해 아라뱃길 주변 지역을 개발해 레저·관광 인프라를 구축하겠다는 계획인데 이는 추가 환경 훼손과 예산 낭비를 초래할 수밖에 없다.
한편, 2015년의 경인 아라뱃길 수질 조사 결과에서 화학적 산소요구량과 총질소 등은 하천수질등급 중 최하위로 판명됐던 2012년보다 개선되어 기준치 안에 들었으나 조류 발생 지표인 클로로필-a의 농도는 목표치를 초과한 것으로 드러났다. 물의 흐름이 원활하지 않아 여름철에는 녹조가 심해져 경인 아라뱃길의 수질은 5급수 '나쁨' 수준에 머물러 있다. 이 때문에 수질 관리에 연평균 3억 6천만 원 이상의 비용이 투입되고 있다.

흐르는 바닷물이 길이 되다 · 해류

고대 국가 가야(1세기경~562년)는 바다에 접해 있는 지리적 장점과 풍부한 철 자원을 바탕으로 일본과 활발히 교류했다. 가야가 일본과 활발히 교류할 수 있었던 것은 오래전부터 바닷길을 통한 뱃길이 있었기 때문이다. 실제로 경상남도에서 발견된 융기문 토기(기원전 5000년경)나 새김무늬 질그릇(기원전 4000~3000년)이 일본 쓰시마섬이나 규슈에서도 발견되고 있다.

가야 시대의 배 모양 토기 ➔ 오늘날의 배는 철이나 플라스틱 같은 썩지 않는 재료로 만들지만, 고대에는 나무로 만들었다. 나무로 만든 배는 잘 썩기 때문에 지금껏 남아 있지 않지만, 가야 시대 배 모양 토기를 보면 그 당시 배(구조선)의 구조나 생김새를 짐작할 수 있다. 돛은 없고 노나 삿대가 있는 소형 배다. ©문화재청

이는 한반도와 일본 사이에 상당히 오래전부터 뱃길이 열려 있었음을 뜻한다.

한반도에서 돛을 이용한 범선은 6세기경에 나타났다고 한다. 이전까지는 통나무배나 뗏목, 나중에는 좀 더 발전한 구조선을 이용했다. 통나무배는 큰 통나무 한쪽에 불에 달군 자갈을 얹어 속을 태운 다음 돌도끼와 돌칼로 파내 만들었다. 하지만 통나무배로는 바다를 항해하기가 쉽지 않았다. 그래서 통나무를 여러 개 엮은 뗏목을 만들었다. 뗏목은 널찍해서 안전했지만 너무 무거웠기 때문에 삿대와 노를 만들어 저었다. 그럼 뗏목이나 구조선으로 바다를 어떻게 건넜을까? 그건 '바닷물이 흐른다'는 사실을 알았기 때문에 가능했다.

흐르는 바닷물을 해류라고 하는데, 적도에서 만들어진 따뜻한 해류(난류)는 극 쪽으로 흐르고, 반대로 극에서 만들어진

차가운 해류(한류)는 적도 쪽으로 흐른다. 지구의 열 균형을 유지하는 일만 하는 줄 알았던 바닷물의 흐름이 인간의 길이 되어 준 것이다. 한반도를 사이에 두고 북쪽에서 찬 리만 해류(한류)가 내려와 북한 쪽 동해에서 북한 한류가 되고, 남쪽에서 따뜻한 쿠로시오 해류(난류)가 올라와 남한의 동해에서 동한 난류가 된다. 그리고 쿠로시오 해류는 한반도 남쪽에서 황해 난류, 동한 난류, 대마 난류(쓰시마 난류)로 갈라진다.

해류는 일정한 방향으로 흐르기 때문에 해류를 따라가면 길이 된다. 1987년에 북한의 김만철 씨 가족이 북한을 탈출할 때 함경도 청진항에서 출발했는데 배가 망가지는 바람에 동해에서 길을 잃었고, 며칠 후 일본 쓰가루항에서 발견되었다. 이는 추측하건대, 망가진 배가 북한 한류를 타고 남쪽으로 흐르

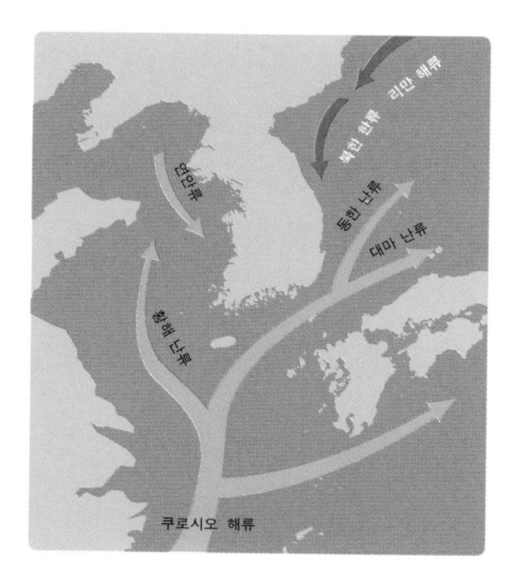

한반도 주변 해류 ➔ 따뜻한 해류(난류)는 극 쪽으로 흐르고, 반대로 극에서 만들어진 차가운 해류(한류)는 적도 쪽으로 흐른다. 해류는 일정한 방향으로 흐르기 때문에 해류를 따라가면 길이 된다.

다 동한 난류를 만나 동쪽으로 방향을 튼 후 다시 떠 가다가 대마 난류에 실려 일본의 쓰가루 해협 쪽으로 간 것으로 보인다.

신라 때 장보고가 바다를 지배하면서 일본과 자유롭게 왕래했던 것도 해류 덕분에 가능했다. 가령 경상남도 거제도에서 떠난 배는 남쪽으로 노를 저어 가다가 올라오는 대마 난류를 만나 규슈 북쪽에 도착하게 된다.

그러면 북한 지역에서 일본으로는 어떻게 갔을까? 거리가 멀어서 힘은 들었을 테지만 해류를 따라가면 그렇게 어려운 길은 아니었다. 평안도와 황해도 해안에서 떠나 해안을 따라 내려가는 연안류를 타고 서해안을 거쳐 제주도까지 갔다가 다시 올라가는 대마 난류를 타고 일본으로 갔다. 일본 역시 한반도로 올 때 쿠로시오 해류를 이용했다. 기원전에 일본의 기술력은 미약했기 때문에 노 젓는 배로 대한 해협이나 동해를 건너오기는 어려웠다. 그래서 일본인들은 주로 쓰시마섬과 규슈에서 출발했다. 규슈 남쪽에서 떠나 쿠로시오 해류를 타고 올라오다 남해안에 이르면, 노를 저어 우리 땅으로 왔다. 또 쓰시마섬에서 떠나면 대한 해협을 지나는 동한 난류를 타고 동해안 포항까지 왔다. 일본이 신라를 자주 침입한 것도 바로 해류 때문에 가능했다. 4~6월에는 난류가 강해져 우리나라에 왜적의 침입이 더욱 잦았다.

바닷길은 진실을 알고 있다

동한 난류는 중부 지방에서 방향을 바꿔 울릉도와 독도로 가서 일본으로 흐른다. 또 가끔은 울릉도와 독도 사이에서 시계 방향으로 감아 흐르기도 한다. 2000년 전 바람이나 해류에만 의지해 배를 띄워도 포항에서 동한 난류를 따라 울릉도나 독도에는 도달할 수 있었을 것이다. 또 시계 방향 소용돌이를 이용해 왕복도 가능했다. 하지만 오키 군도에서 독도로 가려면 해류를 거슬러야하기 때문에 그 당시 배로는 어려웠을 것이다. 결국 독도는 우리 땅 맞다.

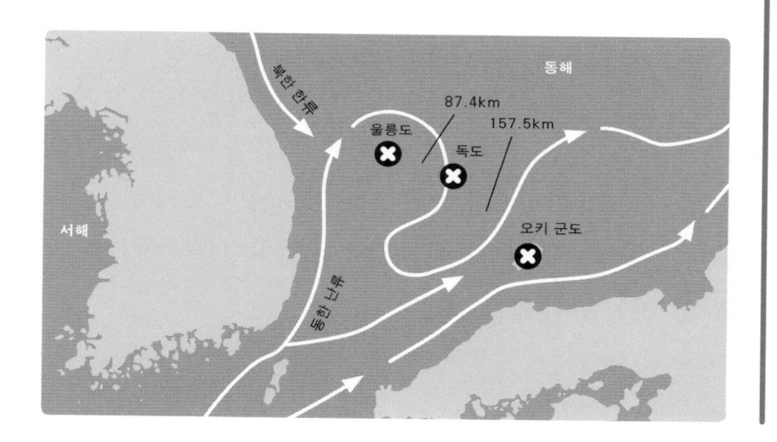

용기로 찾아낸 낯선 대륙으로 가는 길 · 콜럼버스의 항해

1492년 8월, 큰 돛과 에스파냐 왕의 깃발을 단 범선 산타마리아호가 함대를 꾸려 에스파냐의 팔로스항을 떠났다. 함장은 이탈리아 출신 크리스토퍼 콜럼버스였다. 그의 목적은 대서양을 건너 서쪽의 인도에 가서 한몫 단단히 챙겨 오는 것이었다.

14세기에 동양을 다녀간 마르코 폴로가 동양에는 향신료, 비단, 금, 은 등이 넘쳐 난다고 허풍을 떠는 바람에 유럽의 왕, 탐험가, 상인들이 너나 할 것 없이 혹해 있었다. 특히 그 당시 향신료는 금만큼 비싸고 귀한 것이었다.

콜럼버스보다 앞서 바다로 나간 용기 있는 탐험가는 꽤 있었다. 기원전 1500년경, 이집트인은 홍해와 동아프리카를 지나 지금의 모잠비크 지역과 무역을 했고, 기원전 600년경 페니키아인은 홍해에서 출발하여 동아프리카, 남아프리카 희망봉, 서아프리카를 돌아 지브롤터 해협을 지나 다시 지중해로 돌아오는 아프리카 일주를 최초로 했다. 하지만 그 바닷길들은 주로 육지의 연안을 따라가는 바닷길이었지 대서양과 같은 대양을 건너가는 길이 아니었다.

그 당시 유럽에서 동쪽으로 가는 육로는 강력한 무슬림(이슬람교도)들이 막고 있는 바람에 인도에서 들어오던 향신료가 차단되었다. 그리고 무슬림이 아니더라도 길 자체가 멀고 험했다. 동쪽으로 가는 바닷길 역시 거대한 아프리카 대륙을 돌

향신료

콜럼버스가 아메리카 대륙을 발견하고, 바스쿠 다가마가 희망봉을 돌아 인도로 가는 항로를 개발하고, 마젤란이 세계 일주를 하게 된 이유 중 하나는 바로 '향신료를 구하기 위해서'였다. 그 당시 유럽에서는 향신료 없이 고기나 생선을 먹기 어려웠다. 또 병을 생기게 한다고 믿었던 악취를 없애려면 향신료가 필요했다. 심지어 향신료는 악마를 쫓는 약으로도 이용되었다.

아가야 가능한 길이었다. 어떻게 생각하면 콜럼버스는 대양을 건널 수밖에 없었지만 그 길은 목숨을 걸고 떠나야 했던 길이었다.

콜럼버스는 우선 남쪽 아프리카로 방향을 잡았다. 과거 북아프리카 서해안의 카나리아 제도에서 동풍이 부는 것을 경험했기 때문이다. 바람은 불어오는 쪽에 이름을 붙이니 동풍은 동쪽에서 부는 바람이고, 서풍은 서쪽에서 부는 바람이다. 콜럼버스는 자신의 느낌이 맞기를 간절히 기도했다. 9월 초, 콜럼버스의 함대는 카나리아 제도에 도착한 후 뱃머리를 서쪽으로 향했다. 첫날은 고요했다. 콜럼버스는 불안한 마음에 조마조마했는데 이틀 뒤부터 동풍이 불기 시작했다. 바람은 꾸준히 불었고, 배가 빨리 나아갈 때는 하루에 290킬로미터나 달릴 수 있었다. 배는 평균 시속 8노트(1노트=1.852km/h)의 속도로 나아갔다. 처음에는 바람이 불다가 멈출까 봐 걱정했지만 시간이 지나도 바람은 언제나 일정하게 불었다. 이 바람이 바로 항상 일정하게 부는, 그래서 안정적인 무역의 바닷길을 열어준 '무역풍'이다.

그런데 시간이 지날수록 걱정이 커졌다. 이쯤이면 육지가 나타나야 하는데 여전히 배는 망망대해를 가르고 바람은 잦아들 기미가 없었다. 콜럼버스는 지구 둘레가 2만 8000킬로미터, 지구의 85퍼센트가 육지라고 알고 있었기 때문에 바다가 좁을 것이라고 생각했다. 하지만 가도 가도 육지가 보이지 않

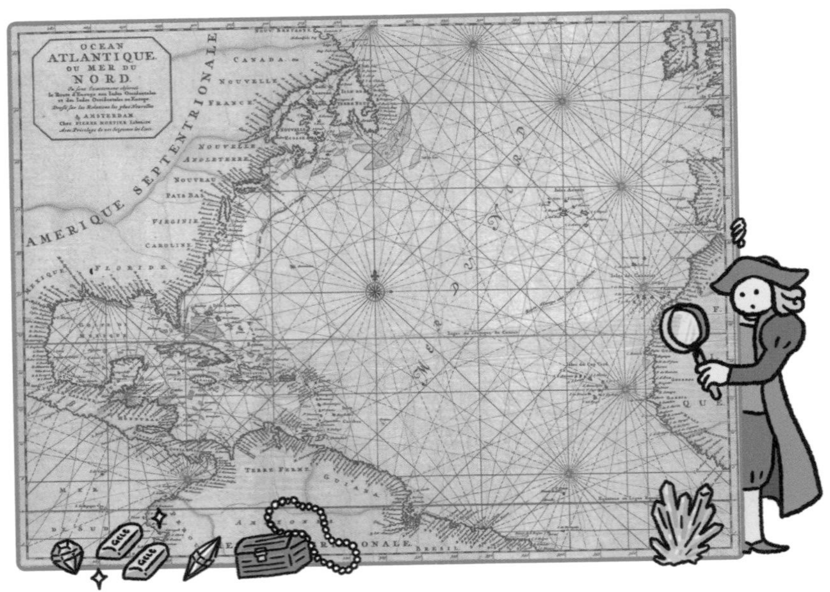

서인도 제도 ➔ 아메리카 대륙의 잘록한 허리 부분 주변에 자리 잡고 있는 7000여 개의 크고 작은 섬들. 1492년에 산살바도르 섬에 상륙한 콜럼버스가 이곳을 인도라고 오인했다는 데서 '서인도'라고 불리게 되었다. ©Serhii Kamshylin/123RF

자 선원들은 두려움이 커지기 시작했다. 콜럼버스는 선원들의 동요를 막기 위해 "고래가 보이니 육지가 다 왔다.", "바람이 없는데 비가 내리는 것으로 봐서 육지가 가깝다." 등등 온갖 핑계를 대면서 하루하루 마음 졸였다. 그러던 10월 중순, 마침내 배가 '과니하니'라는 섬에 도착했다. 콜럼버스는 어찌나 반가웠던지 그 섬을 성스러운 구세주란 뜻의 '산살바도르'라 이름 붙였다. 그곳 사람들은 호기심이 많고, 별 경계심 없이 아주 친절했다. 콜럼버스가 '이들을 기독교인으로 만들고 하인으로 쓰면 좋겠다'고 생각했을 정도였다. 콜럼버스가 도착한 곳은 마르코 폴로가 말한 동양과는 많이 달랐다. 하지만 콜럼버스는 죽는 날까지 그곳을 인도라고 믿었고, 그래서 그 섬들을 서인도 제도라고 불렀다.

지식과 용기 중 어느 것이 중요할까? 물론 모두 중요하다. 용기를 담고 있는 지식이 참지식이며, 지식이 담겨 있는 용기가 참용기일 것이다. 그럼에도 이런 질문을 던져 보는 것은 콜럼버스처럼 새 길을 찾는 사람이라면 지식 이전에 큰 용기가 필요하겠다는 생각 때문이다.

온갖 외제품이 오고 가는 바닷길 • 신라 청해진

9세기 초의 통일 신라는 국내 정세가 혼란스러웠고, 서·남해는 해적들이 들끓는 무법천지의 바다였다. 그 당시 신라의 상황은 귀족들이 왕권 쟁탈에 혈안이 되어 나라 안보가 엉망이었고, 가난한 백성들은 살기 위해 중국이나 일본으로 떠돌거나 굶어 죽었다. 이때를 놓치지 않고 해적들은 하이에나처럼 신라인의 재산을 빼앗고 몰락한 신라인을 잡아다가 당나라에 노비(신라 노)로 팔았다. 중국 역사책에 '신라 노'(奴)가 자주 등장하는 것을 보면 그 수가 꽤 많았던 것 같다.

그 당시 출세를 꿈꾸던 무령군 소장 장보고가 중국에서 이

청해진 유적지 장도의 전경 ➔ 일명 '장군섬'이라 불리는 곳으로, 신라 시대 장보고가 설치한 청해진이 본진이 있었던 곳이다.

를 보고 신라로 돌아와 왕(흥덕왕)에게 "완도의 바닷길을 지켜 신라 노가 없도록 하겠다."고 선언한다. 이에 왕이 1만 명의 군사를 내어주니 장보고는 완도에 청해진을 설치하고 이를 기지 삼아 해적을 소탕했다. 그 당시 해적은 가난하고 배고픈 뱃사람과 죄인들의 무리였기에 정식 훈련을 받은 군인들을 당해낼 수 없었다.

장보고는 청해진을 중심으로 당나라와 일본을 연결하는 삼각 무역의 바닷길을 지배하기 시작했다. 1200년 전, 청해진은 해상 기지이자 무역항으로 해상 실크로드 동쪽 끝에 있는 바닷길의 길목에 있었다. 지중해, 홍해, 아라비아해, 인도양, 남

중국해로 이어지는 바닷길인 해상 실크로드는 총 길이가 1만 5000킬로미터에 이른다. 배를 만드는 기술과 항해술 부족으로 바닷길은 주로 육지의 연안을 따라 나 있었다. 이 길을 따라 이미 9세기에 중국의 도자기 및 인도네시아와 말레이시아 지역의 향료가 아라비아해를 거쳐 유럽으로 갔다.

9세기에 중국을 여행한 일본 승려 엔닌의 일기에는 '중국 산둥반도 연안의 무역선들이 대부분 신라인 것'이라고 기록되어 있다. 이를 통해 신라인들이 바닷길의 주인으로 왕성하게 해상 무역을 했음을 알 수 있다. 그 당시 일본에서는 신라 배에 실려 온 외제품을 사다가 패가망신한 사람들이 나올 정도였다

9세기 신라의 항해술 수준은?

신라의 항해 수준은 상당했을 것이다. 이미 백제는 '백제선', 신라는 '신라선'이라는 고유의 배가 있었다. 또 신라의 항법사들은 중국, 일본과 오랜 교역을 통하여 바람, 해류, 조류 등을 능숙하게 이용할 줄 알았다. 예를 들어, 서·남해안의 해안선을 따라 항해할 수 있었던 것은 밀물과 썰물에 따라 변하는 바닷길을 이해했기 때문이다. 또 바람(계절풍)도 이용할 줄 알았다. 서해 항로는 가을과 겨울에 북서풍이, 늦봄과 여름에는 남풍 및 남서풍이 우세하게 분다. 따라서 배들은 계절풍을 이용해 신라, 당나라, 남조(중국 남부의 나라), 일본 등을 오가는 시기를 정했다. 그 당시 일본인 엔닌의 기록을 보면, "일본이 해상 무역에서 신라와 경쟁하기 시작했으나 일본의 도전은 미약했다. (……) 당나라에서 일본으로 돌아갈 때 신라의 배는 8일 만에 도착했다. 이는 일본과 크게 비교되는 수준이며, 일본 사절단을 당에서 일본까지 안전하게 가게 하려고 일본 사절단이 60명의 신라인 타수와 선원을 고용했다." 라고 적혀 있다.

고 한다. 일본인들이 신라 상인에게서 구한 물건은 신라에서 만든 구리거울이나 모직물, 그리고 향료·염료·안료 등 중국, 동남아시아, 서아시아에서 온 것들이었다. 이외에도 바닷길을 통해 로마의 유리잔과 양탄자가 들어와 신라의 황금과 교류되었고, 당나라와는 토산품이나 고급 직물, 비단 및 금은 세공품 등이 교류되었다.

통일 신라 시대 이전에도 한반도는 바닷길을 통해 중국 땅의 사람들과 교류했지만, 신라가 바다의 주인이 된 이후 수도 서라벌(경주)은 중국인, 일본인, 아랍인까지 쉽게 볼 수 있는 국제도시로, 개운포(울산)는 외국인들이 북적대는 국제적인 무역항으로 발전했다. 이렇게 해서 황금의 나라 신라가 바다의 나라가 되었다. 하지만 장보고가 암살된 후 바닷길의 주도권을 빼앗기면서 신라의 운명도 함께 기울었다. 마치 지중해 지역을 호령했던 페니키아가 7세기에 지중해 동쪽의 아시리아인에 의해 항구가 봉쇄되고 무역로가 막히면서 무너진 것과 같다.

착취를 위해 연결된 바닷길 · 군산항

1899년, 군산항이 일본에 의해 반강제로 문을 열었다. 부산(1876년), 원산(1880년), 목포(1897년), 진남포(1897년)에 이은 것이다. 조선은 철저한 통상 수교 거부 정책으로 화물선은커녕 여객선조차 운영하기 어려울 정도로 항만 시설이 엉망이었다. 그나마 군산항이 조선 시대에도 여러 지역의 물건이 모이던 항구였다. 일본이 군산항을 택한 이유는 호남평야와 논산평야의 쌀을 빼앗아 가기 위해서였다. 일본은 인구가 많은 데 비해 산이 많고 평야가 좁아 매년 쌀이 부족했다. 그래서 조선을 자신들의 곳간으로 만들 계획이었다.

1908년에 국내 처음으로 포장된 전주—군산 간 도로(전군가도) 역시 쌀의 이동을 위한 것이었다. 당시 가을이면 전군가도에 쌀을 실은 우마차가 가득했고, 국내 쌀 수출량의 32퍼

일제가 반출하기 위해 군산항에 쌓아놓은 쌀가마 ➔ 일본은 조선을 자신들의 곳간으로 만들어 자국에 부족한 쌀을 충족하려 했다.

센트가 군산항을 통해 일본으로 빠져나갔다. 섬나라 일본에게 바다는 교통의 장애이기보다는 오히려 개척과 착취의 길이었다.

1917년, 러시아 혁명이 일어났다. 일본은 러시아의 반혁명 세력을 지원하기 위해 전쟁을 계획했고, 이 때문에 일본에 '쌀이 많이 부족하게 될 것'이라는 소문이 돌았다. 양심 없는 상인들은 이때를 놓치지 않고 쌀을 대량으로 빼돌려, 쌀값이 3배 넘게 폭등하고 쌀가게가 털리는 폭동이 일어났다. 일본은 부족한 쌀을 채우기 위해 산미 증식 계획을 세워 조선을 더욱 철저히 식량 창고로 이용했다. 군산항을 통해 나가는 쌀은 크게 늘어 세관 옥상에도, 부두에도, 도로에도 수백 가마씩 쌓여 20만 가마니가 늘어서 있었다고 한다.

그런데 이상한 일이 벌어졌다. 조선은 철저히 빼앗기고 있는데 그 안에 있는 항구도시 군산은 호황을 누렸다. 오늘날로 말하면 주식시장과 비슷한 '미두 시장'까지 열렸다. 일본이 쌀 착취를 위해 자율 거래를 금하고 '미두 취인소'라는 회사를 만들어 쌀값을 결정하는 과정에서 시세 차익을 놓고 벌이는 놀음이 생겼다. "화투는 백석지기 노름이요, 미두는 만석지기 노름이다."라는 말이 나올 정도로 미두 시장은 커다란 노름판이었다. 그래서 많은 사람이 미두 시장으로 몰려들었고 대부분은 거지 신세가 되었다. 1937년, 일본의 식량 통제 정책으로 쌀 가격이 정해지자 호황을 누리던 미두 시장은 그 기능이 정지

되었다.

지금도 군산에는 '쌀 미'(米) 자가 들어가는 장미동, 미장동, 미성동, 미원동, 미룡동 등의 마을이 있다. 이름 하나하나마다 예쁘고 정겹다. 하지만 이 마을 이름들에는 국토를 빼앗긴, 바닷길을 빼앗긴 사람들의 아픔이 고스란히 스미어 있다.

3

오고 가는 길에서 피어나는 문화

길을 통해 문화는 끊임없이 이동하고 섞이고 재탄생했다. 문화란 우리 삶 속에서 보고 듣고 느끼는 모든 것이다. 즉, 의식주, 언어, 종교, 예술, 제도 등을 포함하는 인간의 생각과 행동, 그리고 그로 인해 생겨난 산물들을 모두 일컫는다.
문화는 누군가에게 큰 이익을 주었으므로 길이 없는 곳에 길을 내어 가면서 인류는 전진했다. 그리고 사람들도 길을 떠나 새로운 문화를 접하며 성장해 갔다. 그래서 누군가는 더 나은 문화를 배우기 위해 길을 떠나고 또 누군가는 문화를 재생산하며 길 위에 자리를 잡았다.
한편, 길은 그 자체로 문화이자 문화를 재생산하는 곳이다. 길은 건축물의 전시장이 되고, 온갖 사람들의 다양성을 포용하며, 새로운 상품을 선보이는 시장의 역할을 했다. 오늘날 거리 축제도 길에서 만들어지고 있지 않은가? 여전히 길은 문화를 만들어내고 있다.

많은 이들의 사연이 걸린 큰 고갯길 · 대관령

대관령은 '큰 문이 되는 고개' 또는 '큰 고개'라는 뜻을 지닌 산길이다. 대관령은 강릉에서 한양으로 갈 수 있는 유일한 길이었기에 조선 시대 강원도 관찰사였던 고형산이 자신의 재산을 들여 이 고개를 넓혔다고 한다. 하지만 병자호란이 일어나자 청나라 군대가 이 길을 통해 한양으로 쳐들어왔다. 이에 그 당시 왕인 인조가 고개를 넓힌 것에 대해 크게 진노했다고 한다.

자동차나 비행기가 없던 시절에 태백산맥을 넘는 것은 무척 힘든 일이었다. 그나마 대관령(해발고도 832미터)이 있어서 사람들은 겨우 이동할 엄두를 낼 수 있었다. 대관령은 고대부터 있었던 고개로, 영동의 양반들도 이 고개를 넘어 벼슬에 올랐고 상인들도 이 고개를 넘어 한양에 물건을 구하러 갔다. 따

대관령 옛길 주막 터 ➔ 대관령 옛길은 오래 전부터 영동과 영서를 잇는 교역로이자 교통로이다. 주막에서 이 길을 이용한 수많은 민중들은 지친 몸을 쉬어 가고 이야기와 정을 나누었다.

라서 대관령에는 오래전부터 먹고 잘 수 있는 주막과 산 중턱에서 쉬어 갈 수 있는 작은 정자들이 있었다. 대관령에는 이 길을 넘나들었던 사람들의 수많은 사연이 구름처럼 걸려 있다.

최초의 한글 소설 『홍길동전』을 쓴 허균, 허균의 누나이자 조선 최고의 시인인 난설헌 허초희, 최초의 한문 소설 『금오신화』를 쓴 김시습, 조선을 대표하는 여류 시인이자 화가인 신사임당, 그리고 그의 아들이자 '십만양병설'을 주장한 율곡 이이……. 이들은 각기 시기는 다르지만 모두 대관령에서 내려다보이는 강릉에 살았고, 이들의

이야기 또한 대관령에 남았다.

신사임당은 홀로 계시는 친정어머니를 걱정하고 그리워하며 대관령을 넘어 한양으로 갔다. 그때 지은 시 「유대관령망친정」은 지금도 대관령의 중간쯤을 알리는 정자에 남아 있다.

유대관령망친정 踰大關嶺望親庭

늙으신 어머니를 고향에 두고	慈親鶴髮在臨瀛
서울 향해 떠나니 외로운 마음뿐	身向長安獨去情
돌아보니 북평촌은 아득도 한데	回首北坪時一望
흰구름만 저문 산을 날아 내리네	白雲飛下暮山靑

김시습은 단종이 수양대군에게 왕위를 빼앗긴 것에 분노하여 방랑 시인이 된 후 대관령에 올라 세상이 바로잡히기를 간절히 기도했고, 허균이나 허난설헌은 대관령에 오르며 시와 소설의 영감을 구했다.

율곡은 대관령과 관련해 아흔아홉 굽잇길 전설을 가지고 있어 흥미롭다. 율곡이 한양으로 과거 보러 가는 길에 곶감 100개를 챙겨 대관령을 넘었다. 그는 꼬불꼬불한 고개 한 굽이를 지날 때마다 곶감을 하나씩 먹었는데, 대관령을 다 넘고 나니 곶감 한 개가 남아 '대관령 아흔아홉 굽이'라는 말이 나왔다고 한다.

대관령 ➔ 대관령은 사람보다 바람이 먼저 지나는 길이다. 이 바람을 이용해 풍력 발전을 하기도 한다.

지금은 영동고속도로가 놓여 주로 그리로 오가니 대관령 아흔아홉 굽이가 무슨 소리인가 할 수도 있다. 하지만 발길이 예전보다 뜸해졌을 뿐 대관령의 아흔아홉 굽잇길은 현재도 옛 모습을 거의 간직한 채 서울과 강릉을 잇고 있다.

오늘날에도 사람들은 산길에서 많은 것을 구한다. 대관령에 오르면 거대한 바람개비가 돌고 있다. 풍력 발전을 하는 것이다. 대관령은 사람보다 먼저 거센 바람이 지나는 길이다. 어떨 때는 한 발 떼기가 힘들 정도로 센 바람이 불어서 풍력 발전을 하기에는 최고의 자리이다.

우리 땅 최초의 고개 '하늘재'

문경새재가 열리기 전 신라와 고려 때 서울과 영남을 잇는 고개는 문경과 충주의 경계인 하늘재(계립령)였다. 하늘재는 2세기 신라 때 신라 군대가 한강으로 진출하기 위해 연 고갯길로, 우리나라에서 가장 오래된 고갯길로 알려졌다. 6세기 중반 한강 유역에 진출한 신라는 중국으로 가는 육상 교역로로 하늘재를 기록에 남겼다. 고구려의 온달 장군은 "계립령과 죽령(소백산의 고개)의 서쪽을 다시 찾지 못하면 나도 돌아오지 않겠다."는 말을 남기기도 했다. 하늘재는 조선에서 와서 그 역할을 문경새재에 넘겨주고 차츰 잊혔지만 오랜 세월 동안 우리 민족의 소통에 일조해 왔다.

걸을 때 더 아름다운 길 · 지리산 둘레길

2012년, 지리산 둘레길 총 274킬로미터가 열렸다. 274킬로미터면 서울에서 대전을 가고도 70킬로미터가 남는 긴 거리다. '다른 지혜를 얻는 산'이라는 뜻의 지리산(智異山)은 산 몸뚱이가 흙으로 덮인 흙산이고, 우리나라 국립공원 제1호로 지정된 산이다. 2007년에 제주의 올레길이 '걷기 열풍'을 일으키더니 지리산의 둘레길을 찾는 일로 이어졌다. 지리산 둘레길은 남원의 매동 마을과 함양의 세동 마을을 잇는 21킬로미터 구간을 시작으로 경남 함양(23킬로미터), 산청(60킬로미터), 하동(68킬로미터), 전북 남원(46킬로미터), 전남 구례(77킬로미터) 구간을 잇는다.

제주 올레길 ➔ 제주도에 마을, 바다, 오름 주변을 따라 걷는 아름다운 길이 열렸다. 2007년 제1코스(시흥 초등학교에서 광치기 해변)를 시작으로, 찾는 사람이 늘면서 지금까지 26개 코스가 개발됐다. '올레'는 제주 방언으로 '집으로 들어가는 좁은 길'이란 뜻이다. 올레길의 영향으로 우리나라에 걷기 열풍이 퍼졌고, 전국에 595여 개의 걷기 코스가 개발되었다.

지리산 둘레길은 구간마다 그 나름의 특색이 있고, 여러 길을 품고 있다. 길을 걷다 보면 많은 것과 만나고, 또 많은 것을 얻을 수 있다. 남원 구간은 백두대간이 지나며 지리산 주능선을 가장 많이 조망할 수 있는 곳이고, 운봉 들녘 제방 길과 남원—구례를 잇는 숙성치 등 옛 고갯길을 지난다. 이 길은 동편제(전라도 동부 지역에 전승되는 판소리를 일컫는다)와 이성계의 전설이 남아 있는 길이기도 하다. 구례 구간은 천은사, 화엄사, 연곡사, 운조루 등 오랜 역사를 간직한 유적지를 지난다. 구례와 하동을 넘나들던 당재와 같은 고갯길이 원형 그대로 남아 있고, 마을을 잇는 숲길과 섬진강 제방을 즐길 수 있다. 하동

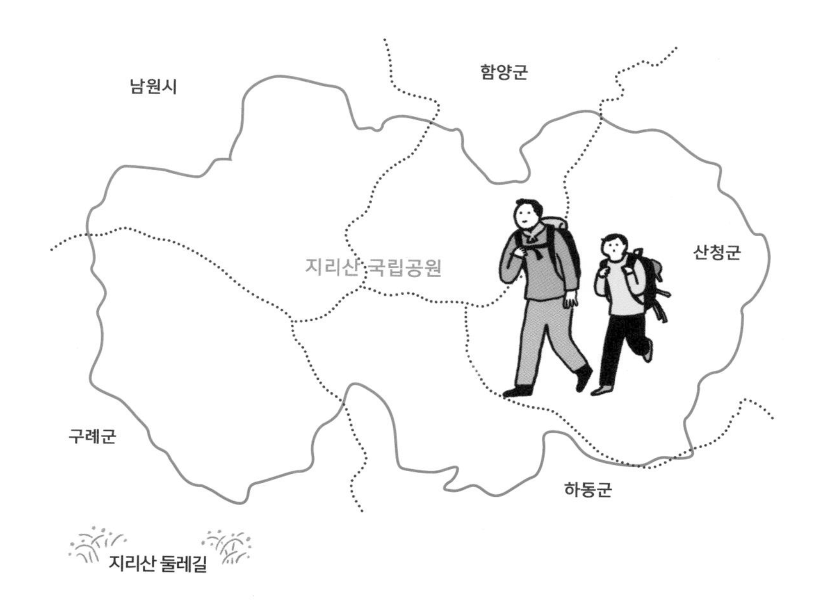

지리산 둘레길

구간은 차밭과 섬진강 둑길을 따라 걸으며 '지리산의 강남'으로 불리는 악양 무딤이 들판 같은 아름다운 전경을 감상할 수 있는 곳이다. 그런가 하면 최치원의 자취가 남아 있는 청학동, 박경리의 대하소설 『토지』의 무대가 된 평사리 등 역사·문화의 한 단면을 엿볼 수도 있는 곳이다. 조선의 대학자 남명 조식의 흔적을 좇는 길로 대표되는 산청 구간은 지리산 동부 능선인 웅석봉 숲길을 거쳐 지나간다. 함양 구간은 남강의 지류인 엄천강을 따라 걷는 강변길과 한국전쟁의 아픈 역사를 간직한 빨치산 길로 대표된다.

지리산 둘레길은 무려 117개의 마을이 연결된 이음의 길이다. 이 길을 따라 걸으면 보물 같은 옛것과 사라져가는 옛것을 발견하게 된다. 옛것은 왜 소중한 걸까? 오래되었기 때문에? 옛것에는 우리 아버지 어머니의 꿈과 땀이 담겨 있기 때문이다. 그 꿈과 땀이 지금의 나를 낳았기에 옛것을 지키고 보존하는 것은 곧 나와 나의 꿈을 지키는 일과 같다.

강은 길이 되고 문명이 된다 · 메소포타미아 문명

메소포타미아 사람들은 함무라비 법전, 쐐기문자, 태음력, 60진법 등을 만들어 문명인이라는 이름을 얻었다. 메소포타미아는 '두 강 사이의 땅'이라는 뜻이다. 두 강 사이의 땅은 길이가 650킬로미터, 최대 너비가 200킬로미터인 넓은 평원이다. 여기서 두 강은 티그리스강과 유프라테스강이다. 메소포타미아의 강 하류 지역은 비가 거의 오지 않아 건조하지만 상류 지역은 산악 지역으로 봄이면 폭우가 내린다. 이때 밀려온 강물로 강 하류에서 홍수가 나고 범람한 흙과 모래가 쌓여 비옥한 평야가 만들어졌다. 하지만 메소포타미아인들이 홍수의 신 '니누르타'를 악으로 여겼던 것으로 보면 그 당시 사람들이 홍수를 고마워했던 것 같지는 않다.

메소포타미아인들은 홍수와 가뭄을 이겨내기 위해 기도를 올리거나 제물을 바쳐 제사 지내는 등 온갖 노력을 다했다. 이

메소포타미아 문명 ➔ 세계에서 가장 오래된 문명으로, 티그리스강과 유프라테스강 유역을 중심으로 번성했다. 강길을 통한 교역으로 문화 교류와 상업 활동이 활발히 이루어졌고, 그로 인해 바빌론, 우르, 바그다드, 테베, 아슈르 등이 큰 도시로 성장했다.

런 일은 나일강에서도 있었는데 나일강을 '황소의 신'(아피스)으로 여기는 이집트인들은 신의 노여움을 사지 않기 위해 처녀를 희생물로 바쳤다. 그렇다고 해서 고대 문명인들이 손 놓고 기도만 했던 것은 아니다. 물을 끌어오는 관개 시설이나 물이 빠르게 빠져나가도록 배수 시설 등을 건설했다. 그 결과 농사짓기가 더욱 편해졌고, 메소포타미아인들은 씨앗 하나에서 60~70개의 낟알을 수확하게 되었다. 이렇게 해서 농산물이 남아돌자 장사, 수공업 등 다른 일을 하는 사람들이 생겨났다. 다양한 직업이 등장하게 된 것이다. 그리고 가뭄과 홍수에 대비한 대규모 토목 사업을 해내기 위해, 일을 시키고 세금을 거둘

통치자가 생겨났다. 이에 따라 왕, 귀족, 평민, 노예와 같은 계층이 발생하게 되었다. 메소포타미아에서 통치자는 곧 하늘에 제사를 지내는 제사장이었다.

한편, 강 주변은 농사를 짓기에는 좋았지만 다른 자원은 부족했다. 그래서 교역을 통해 각 도시에서 생산된 곡물, 옷감, 수공품 등을 다른 도시의 원료나 사치품들과 교환했다. 티그리스강과 유프라테스강은 오래전부터 사막 도시들의 중요한 운송로로 사용되어 왔다. 그리고 강 길을 통한 교류 덕분에 바빌론, 우르, 바그다드, 테베, 아슈르 등은 더욱 큰 도시로 발전했다. 이중 우르와 바빌론은 세계에서 가장 오래된 도시로 일컬어지게 되었다.

왕을 위한 길 · 페르시아 왕도

이집트의 왕 프톨레마이오스 1세가 수학자 유클리드에게 수학을 배우던 중 물었다. "유클리드, 기하학이 너무 어렵소. 좀 더 쉽게 공부하는 방법이 없겠소?" 이에 유클리드는 "왕이시여, 길에는 왕께서 다니시도록 만든 왕도(王道)가 있지만, 기하학에는 왕도가 없습니다."라고 말했다. 한마디로 꾀부리거나 요령 피우지 말고 공부하라는 뜻이다. 결국 왕도는 '목적지에 가장 빠르게 도달하는 지름길'이라는 뜻이 되었다.

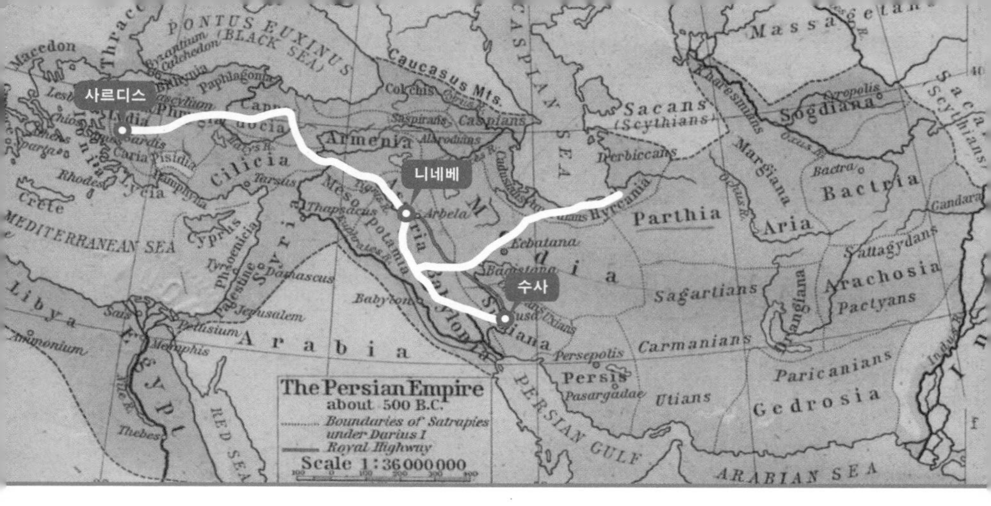

페르시아 왕도 ➔ 페르시아의 왕 다리우스는 페르시아 왕도를 건설한 덕분에 거대한 자신의 제국에 빠른 통신을 이룩할 수 있었다. 왕도를 통해 전령은 7일 만에 2700킬로미터를 여행할 수 있었다.

왕도는 본래 서남아시아의 고대 국가 페르시아에서 왕의 명령을 빨리 전달하기 위해 만든 길이다. 그 당시 3개월 걸려 도착하던 왕명이 왕도를 통하면 불과 7일 만에 도착했다. 역사학자였던 헤로도토스는 이렇게 기록했다.

"세상에서 페르시아 전령보다 빠르게 여행하는 것은 없다. 그들은 비가 오나 눈이 오나, 뜨거운 낮이나 어두운 밤이나 최고 속도로 이동하여 자신의 임무를 완수한다."

이 페르시아 왕도는 기원전 400년경에 만든 2700킬로미터짜리 고대 고속도로이다. 페르시아 왕 다리우스 1세가 만든 이 길은 사르디스(현재 터키의 이즈미르에서 동쪽으로 약 96킬로미터 떨어진 고대 도시)에서 출발하여 동쪽으로 아시리아의 수도였던 니네베(현재의 이라크 모술)를 지나 남쪽으로 바빌론(현재 이라

크의 바그다드에서 남쪽으로 약 90킬로미터 떨어진 고대 도시)까지 뻗어 나간다. 바빌론 근처에서 두 길로 갈라져 하나는 북서쪽으로 가서 실크로드로 이어진다. 다른 하나는 페르시아 만에 있는 수사(현재 이란 서남부 지역에 있는 고대 도시)까지 이어진다. 오늘날 터키는 영토의 3퍼센트가 유럽에 있고, 97퍼센트는 아시아에 있는 나라이다. 또 실크로드는 중앙아시아를 거쳐 중국으로 이어지는 무역로이다.

그러니 페르시아 왕도는 동서양을 잇고, 더 나아가 동서양의 문물을 서로 교류한 당시에는 지구에서 가장 빠른 문화 길이었다고 할 수 있다. 페르시아를 포함한 다른 고대 국가들은 왕과 귀족, 군인, 평민, 노비 등 여러 계급으로 나누어져 있었다. 왕은 나라를 다스리기 위해, 백성과 영토를 지키기 위해 길을 지속해서 관리해야 했다. 그러기 위해서는 전 국토가 왕을 중심으로 이어지도록 길을 뚫는 것이 필요했다. 왕은 막강한 권력을 이용해서 많은 사람을 길 만드는 현장으로 모았고, 결국 그들이 흘린 피와 땀으로 넓은 길이 만들어졌다.

미지의 땅이 사라지다 · 신대륙 정복

아메리카에 도착한 콜럼버스는 쿠바와 아이티 등 몇 곳을 더 발견하여 담배, 황금 제품, 앵무새, 목재 등과 원주민 몇 명을 데리고 유럽으로 향했다. 이번에는 무역풍이 유럽으로 돌아가는 바닷길을 막았다. 그래서 무역풍과 싸우며 뱃머리를 북쪽으로 돌려 보름 정도를 항해했다. 그랬더니 기적처럼 서풍이 불었다. 이 바람은 유럽에서 출발할 때 길을 막았던 편서풍이었다. '거친 40도'란 별명이 붙은 편서풍은 중위도에 부는 바람으로, 무역풍처럼 1년 내내 부는 항상풍이다. 하지만 무역풍과 달리 편서풍은 거칠고 세게 불었으며 큰 파도를 일으켜 콜럼버스의 함대를 공포로 몰아넣었다.

만신창이가 된 배를 이끌고 에스파냐의 바르셀로나항에 도착한 콜럼버스는 어마어마한 환영을 받았다. 콜럼버스는 이후에도 기독교 전파, 무역 기지 건설, 금광 개발 등 식민지 개척을 위해 세 차례나 더 아메리카를 다녀온다.

15세기의 포르투갈과 에스파냐의 신대륙 정복 이후 유럽에는 큰 변화가 나타났다. '열대 지역에 사람이 안 산다', '환상의 섬이 있다', '바다에는 괴물이 있다'는 등의 믿음이 잘못된 것임을 알게 됐다. 또한 새로운 땅의 발견과 새로운 사람과의 만남, 새로운 동물과 식물의 관찰을 통해 지리학, 천문학, 식물학, 동물학, 인류학, 언어학 등이 발전하였고, 새 치료약의 개발로 의학도 발전했다. 문학과 예술에도 큰 영향을 미쳤다. 역사서, 서사시, 기행문 등으로 새로운 땅의 발견과 정복, 그리고 거친 자연과 싸우는 항해와 도전의 열정을 쏟아냈다. 건축물이나 미술 작품에 바다와 동양을 그려 넣었고, 금은 세공, 융단, 도자기 등에는 인도, 페르시아, 중국에서 영향 받은 동양의 장식을 새겼다. 대항해 시대 이후 대양을 건너려는 사람이 크게 늘었고 항해사, 해도 작성자는 기하학과 천문학을 더욱 열심히 공부했다.

오늘날 콜럼버스는 나라 이름의 기원이 되는가 하면, 신대륙 발견자라는 영광도 누리고, 기념일까지 생긴 위인이 되었다. 그의 영광스러운 발견은 무역풍과 편서풍이 열어준 바닷길 덕분에 가능한 것이었다. 하지만 콜럼버스가 개척한 바닷길은

배는 어떻게 발달해 왔을까?

원시 시대의 통나무배로는 '카누', 가죽배로는 '카약'이 있다. 단순히 재료의 뜨는 성질을 이용하던 것과 달리 인간의 힘으로 뜨도록 만든 최초의 배는 이집트인의 '파피루스배'다. 나일강의 갈대(파피루스)로 만든 이 배는 앞과 뒤의 끝이 올라간 모양을 하고 있으며, 처음으로 돛을 달았다. 이어서 기원전 2500년경에 이집트인들은 고정된 '노'를 쓰는 나무배를 만들었다. 노잡이들은 노를 물속에 담글 때는 자리에서 일어섰다가 노를 잡아당길 때 물살을 휘저으면서 자리에 앉았다.

이집트의 파피루스 배

그 후 그리스인과 로마인은 폭이 넓고 갑판이 타원형으로 생긴 갤리선을, 8세기 북유럽의 노르만인은 앞과 뒤가 뾰족하며 긴 바이킹선을 만들었다. 19세기에는 배의 재료가 철로 바뀌고, 증기기관을 쓰는 동력선(최초의 기선 사반나호)이 만들어졌다. 20세기에 들어서자 배의 엔진이 증기기관에서 터빈이나 디젤 기관으로 바뀌고 속력도 빨라졌다. 현대에는 원자력을 동력으로 이용하는 항공모함(최초의 원자력 항공모함은 엔터프라이즈호)까지 만들어지고 있다.

아메리카 원주민에게 '인디언'이라는 이상한 이름을 갖다 붙였고, 카리브해의 여러 섬을 '서인도 제도'라 부르게 만들었다. 이것뿐인가? 원주민들은 유럽인의 노예가 되어 사탕수수밭, 담배밭, 목화밭 등에서 죽도록 일해야 했고, 원주민의 70퍼센트 이상이 유럽인에게 저항하는 과정에서 죽거나 유럽인이 옮긴 전염병에 걸려 죽는 일로 이어졌다.

대항해 시대를 연 포르투갈과 에스파냐는 아메리카를 '재발견'(이미 1000년경 바이킹이 아메리카에 도착함)하고, 아시아까지 진출했다. 더불어 마젤란의 인류 최초 세계 일주, 제임스 쿡 선장의 태평양 탐험, 그리고 바렌츠, 베링 등의 북극해 탐험 등이 펼쳐졌다. 지구상에서 미지의 땅이 남아나지 않게 된 것이다.

먼 곳의 사람들을 묶어 주는 강 · 지지리 마을

중국 단둥의 압록강변에 서면 기분이 묘하다. 단둥의 고층 아파트들과 압록강 건너편 가난한 북한의 모습이 묘하게 대비되어 많은 생각을 들게 한다. 그곳에서 전해들은 말로는 중국이 높은 건물을 북한 땅이 보이는 곳에 의도적으로 지었다고 한다. 이렇듯 강 하나를 사이에 두고 두 지역 사람들이 크게 갈라지기도 한다. 다른 언어, 다른 문화의 경계가 되는 것을 보면 마치 강이 지역 간 교류의 장애가 되는 것처럼 느껴진다.

하지만 압록강을 따라 상류 쪽으로 가 보면 강폭이 100미터도 안 되는 곳도 있다. 그런 곳에 서 보면 강 이쪽과 저쪽이 다를 수 없다는 확신이 든다. 강을 거슬러 오르듯 역사를 거슬러 오르면 고구려의 압록강은 지금의 한강처럼 한 나라 안에 있는 강이었다.

한강을 중심으로 강북은 전통적인 서울의 모습을, 강남은 1980년대 이후 새로운 서울의 모습을 담고 있다. 그리고 스무 개가 넘는 한강 다리를 지나 하루에 수백만 명이 강북과 강남을 오가며 생활하고 있다. 이는 강을 따라 하나의 생활권이 만들어졌기 때문이다.

섬진강 ➔ 전라북도 진안군 팔공산에서 발원, 순창군에서 오수천, 남원시에서 요천, 곡성군에서 보성강과 합류하여 광양만으로 흘러드는 하천. 『하동부읍지』와 『택리지』의 내용을 보면 섬진강 하구에서 현재 구례군까지 약 40킬로미터에 이르는 물길을 따라 배가 오갔음을 짐작할 수 있다.

본래 높은 산은 지역 간 경계가 되지만, 강은 먼 곳의 사람들을 묶어 주는 일을 한다. 그렇게 묶인 사람들은 자주 만나게 되고, 닮아가게 된다. 예를 들어, 전라북도 장수의 지지리 사람들은 동쪽 경상남도 함양의 사투리가 아니라 남쪽 전라북도 남원의 사투리를 쓴다. 지지리 마을에서는 함양이나 장수가 남원보다 가깝다. 남원은 지지리에서 남쪽으로 섬진강 줄기를 따라 한참을 내려가야 있다. 하지만 지지리 마을 사람들은 고개를 넘어 장수나 함양과 교류하기보다는 강을 따라 내려와 남원 사람들과 교류했다. 그건 강이 두 지역을 나누는 기준이 아니라, 두 지역을 하나로 모아주는 역할을 한다는 증거이기도 하다.

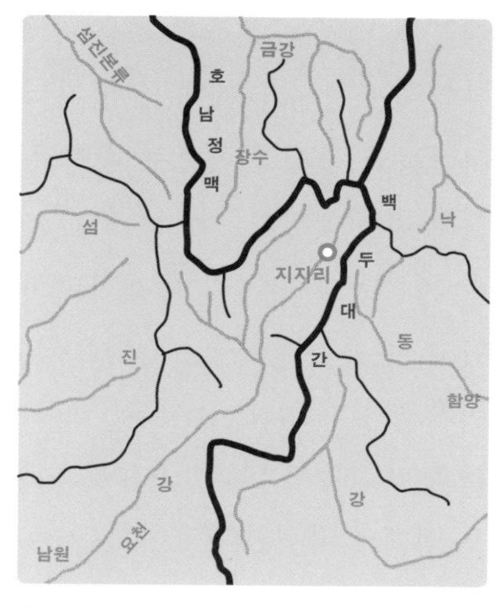

지지리 마을

강을 차지한 자가 중심이 된다 • 한강

우리나라의 고대 삼국 중 한강을 가장 먼저 차지한 것은 백제였다. 백제는 온조가 세운 나라다. 고구려 주몽의 아들인 비류와 온조는 유리에게 태자 자리를 빼앗긴 뒤, 그들을 따르는 사람들과 함께 남쪽으로 내려와 북한산에 올라 새 나라를 세울 자리를 찾았다.

비류는 바닷가가 좋겠다며 백성을 나누어 미추홀(인천)로 갔고, 온조는 한강 남쪽 땅(하남위례성)에 도읍을 정하고 나라 이름을 십제(기원전 18년)라 했다. 이후 비류가 죽자 그의 신하들과 백성들이 위례성으로 모여들어 나라가 커지고 나라 이름도 백제로 바뀌었다.

한반도 복판을 동에서 서로 흐르는 한강을 끼고 성장한 백제는 서해안과 내륙을 잇는 물길과 육로가 만나는 곳에 있어서 전략적으로 이점이 많았다. 또한 백제인은 한강 유역의 풍부한 목재를 하류로 운반해 일부는 낙랑(오늘날의 평안남도, 황해도 지역)으로 수출했고, 서해안의 생선과 소금을 상류 쪽으로 운반하여 큰 이익을 남겼다.

백제에 이어 한강을 차지한 고구려는 한강을 통해 군수품을 남쪽으로 운반했고, 한강 유역의 풍부한 목재와 철, 그리고 쌀과 생선 등을 가져갔다. 고구려의 온달 장군이 죽은 곳도 한강이다. 온달 장군은 빼앗긴 한강을 되찾고 중부 지방의 땅을 차지하기 위해 죽을힘을 다해 싸우지만, 결국 전쟁터에서 화살을 맞고 죽었다. 그래서 울보 평강공주는 정말 많이 울었다.

마지막으로 한강을 차지한 나라는 신라다. 한반도의 동남

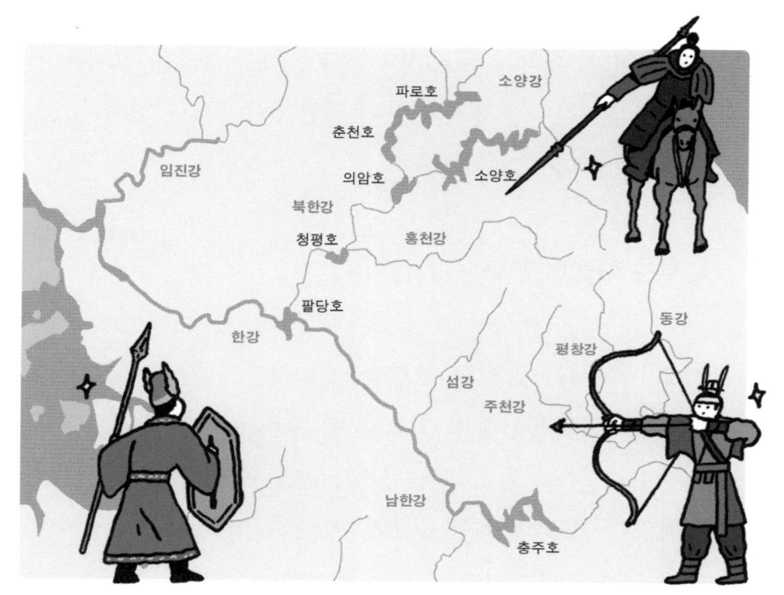

한강 ➔ 남한강과 북한강이 양수리에서 만나 한강을 이룬다. 총 길이 약 480킬로미터이며, 남한강을 본류로 한다. 한강이라는 이름은 '큰 물줄기'를 뜻하는 '한가람'에서 왔다. 한강은 광개토대왕비에는 '아리수'(阿利水)라고 기록되어 있다. 백제에서는 '욱리하'(郁利河)라 불렀다. 이후, 백제가 중국의 동진과 교류하기 시작한 무렵부터 '한수'(漢水) 또는 '한강'(漢江)이라 불렀다고 한다.

쪽에 있는 낙동강을 중심으로 발전한 신라가 한반도의 중앙을 지배하기 위해서는 한강이 중요했다. 따라서 남한강 유역인 충주, 원주, 이천, 여주 등에 군사 기지를 설치하는 등 한강을 병참로로 이용했고, 당나라와의 교통로로도 이용했다.

한강 외에도 금강, 대동강, 낙동강 등이 각 지역의 물길로서 중요한 역할을 했다. 이 강들을 통해 지역 간 사람과 물자가 이동하였고, 강의 유역은 농산물과 임산물이 풍부하여 경제활동의 중심이 되었다. 따라서 강을 차지한다는 것은 영토를 넓히는 차원을 넘어 부강한 국가를 건설하기 위한 필수 조건이었다.

나루는 마을이 된다 · 나루터 마을

마포 나루에는 손님과 물건을 이동시키기 위한 도선장, 선박을 매어 두는 계선장이 필요했다. 그리고 나루를 중심으로 물건을 파는 상가, 밥을 파는 식당, 술을 파는 주막, 잠자리를 대는 여관 등이 생겨났다. 규모가 큰 여관은 수십 개의 방과 창고, 마구간까지 갖추었으며, 마구간에서는 소, 말, 당나귀 등을 돌봐줬다.

특히, 술과 잠자리를 제공하는 주막은 전국 어디를 가나 나루터마다 있었다. 나루터에는 관청에서 나온 관리나 상인들이 북적였다. 관청의 화물이나 상인의 물건을 쌓아두고 지낼 수 있는 주막은 인기가 좋았다. 주막 주인은 주로 여성이었으며 사람들은 그를 '주모'라고 불렀다. 주모는 나그네들이 주막을 쉽게 알아보게 하려고 '酒'(술 주)자를 문짝에 붙이거나 종이 등을 만들어 달았다. 그런가 하면 삶은 소머리나 돼지머리를 좌판에 늘어놓아 '여기가 주막이오' 하고 광고하기도 했다. 주막마다 이름이 따로 있는 것은 아니었지만, 나그네들은 은행나무가 있으면 '은행나무집', 큰 우물이 있으면 '우물집', 주인 뒷

마포 나루터 ➜ 조선 시대까지만 해도 해상 교통이 발달하여 내륙항의 요충지였으며, 삼남지방에서 올라오는 곡물이나 소금, 젓갈류를 비롯한 해산물이 늘 가득했다. 옛날 마포 사람들은 마포 나루터의 안녕과 번영 등을 기원하는 나루 굿을 매년 실시했다. ©한국민족문화대백과

목에 혹이 있으면 '혹부리집' 등으로 불렀다. 강이 범람할 때면 사람들이 여러 날을 꼼짝할 수 없었기 때문에 주막 매상은 오히려 올랐다고 한다.

마포 나루 일대는 조선 시대부터 도성과 외부 지역을 연결해 주는 곳으로, 일찍부터 사람들이 살았다. 그러나 한강 변은 자주 물이 범람했기 때문에 주로 가난한 사람들이 터를 잡았다. 그러다가 상업의 발달과 함께 점차 번성하면서 큰 나루터 마을로 확장되었다. 나루터 마을은 처음에는 나루 가까이에 발달하다가 배가 늘어나고 인구가 증가하면서 주변 지역까지 뻗

마지막 주막, 낙동강가의 '삼강 주막'

경북 예천의 삼강리는 낙동강·내성천·금천 세 강(삼강)이 합치는 곳이자 마지막 주막인 삼강 주막이 있던 곳이다. 1950년대까지도 '삼강리'는 사람들로 북적댔다. 삼강리는 대구와 서울을 잇는 뱃길이자 낙동강을 오르내리는 소금 배와 농산물이 모이는 곳이었다. 이곳에는 소 여섯 마리를 실을 정도의 큰 배도 드나들었다. 그래서 삼강 주막에는 상인, 뱃사람, 나그네로 늘 붐볐다.
1900년대 초에 생긴 삼강 주막은 500킬로미터를 흐르는 낙동강 주변에 남은 유일한 주막이었다. 주막 옆에는 200살 먹은 나무가 주막과 마을을 지키고 있다. 이 주막의 주모는 2005년 90세로 세상을 뜰 때까지 약 70년 간 주막을 지켰다. 주막 담벼락엔 주모가 그은 외상 금이 남아 있다. 주모는 글을 몰랐기 때문에 술 한 잔은 짧은 금, 한 주전자는 긴 금을 세로로 그어 놓았다고 한다. 1970년대 이후 마을을 가로질러 도로와 삼강교가 생기면서 주막을 찾는 이가 하나둘씩 사라지고 말았다. 대신 2005년에 경상북도는 이 주막을 민속자료 134호로 지정했다.

어나가 큰 마을로 발전했다. 마포 나루 역시 지금은 사라졌지만 그 주변과 건너편의 여의도는 서울의 중심지로 발전했다.

1899년에 우리나라 최초의 전차가 생겨났는데, 1907년부터 마포에 전차가 다녔을 정도로 마포의 위상은 높았다. 〈마포종점〉이란 노래가 있는 것도 그 당시 마포가 전차의 종점이었기 때문이다. 김장철이면 엄청난 양의 새우젓 독이 전차에 실려 마포에서 동대문 시장과 남대문 시장으로 옮겨졌다.

1967년 한강종합개발사업을 기점으로 마포 나루뿐 아니라 서울의 한강 일대 나루들의 모습이 사라졌다. 1970년 마포 대교 개통과 1980년 마포로 재개발 사업으로 마포 나루터 일대는 오피스 타운으로 변화했고, 도심과 공항이 가까워 주상 복합 건물이 많이 들어섰다. 과거 가난한 사람들이 모여 살던 한강 주변이 한강 조망의 가치가 높아지면서 최고의 주거지가 된 것이다. 양지가 음지되고 음지가 양지되는 자연의 이치가 인간의 삶에도 적용되는 듯하다.

바닷길에 적합한 교역품은 무엇일까 • 청자배

1976년, 전라남도 신안군의 바다 밑에서 잠자던 배가 발견되었다. 도대체 이 배는 언제부터 여기서 잠들어 있었을까?

이 배는 고려 시대(1323년)에 중국에서 일본으로 가던 원나라의 무역선이었다. 배 안에서 발견된 2만 점이 넘는 유물들은 그 당시 사회상을 말해 주었다.

고려 시대 역시 신라 때처럼 나라 안의 상업도 발달했지만 다른 나라와의 교역도 활발했다. 그중 송나라와는 서해의 바닷길을 통해 금, 은, 화문석, 도자기, 비단, 책 등을 교류했다. 고

신안선 복원 모형(위)과 발굴 유물들(아래) ➔ 1975년에 어부의 그물에 도자기가 건져 올려진 것을 시작으로 9년 동안 11차례에 걸쳐 신안 해저 유물을 발굴하고 조사했다. 우리나라 최초의 수중 발굴 조사로, 송·원대 도자기와 동전 등 2만여 점의 유물이 발견되었다.

려 초에는 사신 파견과 무역을 겸하는 배(견사무역선)들이 바다를 휘저으며 오·남당·월 등 당 멸망 이후 생겨난 중국 땅의 여러 나라를 오갔고, 해상 연락선은 저 멀리 인도까지 갔다. 그러나 13세기, 기마 민족이 세운 원나라가 중국을 통일하자 주로 육지로 다니게 되어 해상 내왕을 할 필요성이 크게 줄었다.

한편, 1983년에는 완도군의 바다 밑에서 고려 시대의 청자를 운반하던 청자배가 발견되었다. 사람들은 그 배를 '완도선'이라 불렀는데, 배 안에는 3만여 점의 도자기와 뱃사람들이 쓰던 솥, 숟가락 따위의 도구들이 있었다. 그리고 짚과 갈대로 고려청자를 포개어 쌓은 더미에 주소와 받는 사람 등을 적은 '목간', 나무 닻이 바다 밑바닥에 쉽게 닿도록 만든 '닻돌' 등도 발견되었다. 그 귀한 고려청자가 무더기로 발견되었으니 완도선이야말로 보물선이었다.

고려 시대에는 청자를 많이 만들었다. 특히 지금의 전라남도 강진(당시의 탐진현 대구소)에는 가마터가 많이 있었다. 강진은 고려청자의 원료인 고령토가 많고, 주변에 산이 많아서 땔감도 풍부했다. 게다가 남쪽에는 바다가 있어서 이곳에서 구운 청자를 배에 실어 고려의 수도였던 개경에 공물로 바치거나 시장에 내다 팔 수 있었다. 도자기는 깨지기 쉬워서 사람이나 말이 육지로 나르기에는 불편했기 때문에 대부분은 배에 실어 바닷길로 날랐다. 청자배도 있었지만 일반 질그릇이나 옹기를 싣는 옹기배도 있었다. 옹기들은 주로 남해안의 마을과 섬에 사는 사람들에게 팔렸다.

섬을 육지로 만들어 주는 다리 · 영도 다리

부산의 영도 다리는 우리나라에서 처음 바다를 건너 육지와 섬을 연결한 다리다. 부산의 영도는 서울 여의도의 1.5배만 한 섬으로 작은 섬이지만 산이 두 개(봉래산, 태종산)나 있다. 영도는 말을 키우던 곳으로 유명하여 '목도'(牧島)라고도 불렸다. 영도에서 자란 말은 그림자를 보기 어려울 정도로 빠르다고 해서 이 섬을 '절영도'(絕影島)라고도 했다. 또 영도는 우리나라에서 최초로 고구마가 심어진 땅이다. 1763년(영조 40년)에 조엄이 통신사로 일본에 갔다가 고구마를 가져와서 심은 것이다. 이것이 바로 그 유명한 '영도 조내기 고구마'의 기원이다. 씨알이 붉고 작으면서도 단밤 맛이 나서 일본인들도 무척 좋아했다고 한다. 이외에도 영도는 신라의 태종 무열왕이 쉬어간 곳, 뭍사람들의 나들이 장소이거나 사냥터, 산에 나무가 많아서 땔감을 얻을 수 있는 곳, 부산항 매립 때 필요한 흙을 구하던 곳으로 사람들의 기억에 남아 있다.

영도에 본격적으로 사람이 살게 된 것은 일제 강점기 때부터다. 인구가 늘면서 나룻배보다는 언제라도 통행할 수 있는 다리가 필요했다. 1934년 개통 당시 공식 이름은 '부산 대교'(215미터)였으나 사람들은 '영도 다리'로 불렀다. 영도 다리가 건설됨에 따라 영도는 부산 중심지와 가까운 또 하나의 중심지로 발전하게 된다. 그리고 해방 이후 재외 동포와 한국전쟁 때 피난민이 몰리면서 인구가 크게 증가하여 1957년에 작은 섬 영도가 '영도구'로 승격되었다.

영도 다리(위)와 영국의 타워브리지(아래) ➔ 영도 다리는 우리나라에서 최초로 육지와 섬을 연결한 연륙교다. 영국의 타워브리지처럼 다리 상판을 들어 올려 다리 아래로 배가 지나다닐 수 있는 도개교이기도 하다. 1966년 이후 도개 기능이 멈췄다가 2007년에 확장 복원 공사에 착수해 2013년에 도개 기능도 복원했다.

영도 다리는 다리 아래로 큰 배가 다닐 수 있도록 다리 상판을 들어 올릴 수 있었다. 영국 런던의 타워브리지(1894년 개통)처럼 말이다. 두 다리의 차이점은 타워브리지는 상판을 양쪽에서 두 개로 나누어 들어 올리지만 영도 다리는 한쪽에서

인천 대교, 한국 관광 기네스에 선정

인천 대교가 국내 토목 구조물로는 유일하게 한국 관광 기네스에 선정되었다. 한국 관광 공사는 인천 대교 외에 제주도 올레길과 성산 일출봉, 목포 춤추는 바다 분수, 지리산 국립공원, 부산국제영화제, 부산 송도 해수욕장, 남이섬, 금강산 관광, 뮤지컬 난타, 미륵산 한려수도 조망 케이블카, 용인 에버랜드 등 총 12곳을 명소로 지정했다. 또한 인천 대교는 2005년에 영국 건설 전문지 『컨스트럭션 뉴스』의 '경이로운 세계 10대 건설 프로젝트'로, 2011년에는 국내 최초로 미국 토목학회의 '세계 5대 우수 프로젝트'로 선정됐다. 인천 송도국제도시와 인천국제공항을 연결하는 인천 대교는 정부가 보유한 자산 중 가장 비싼 자산이다. 한편 이 다리는 우리나라에서 가장 비싼 통행료(5500원, 2019년 기준)를 내야 하는 다리이기도 하다.

만 들어 올리는 방식이라는 점이다. 사이렌 소리와 함께 하루에 여섯 번 영도 다리 상판이 하늘로 치켜 올려질 때는 사람들이 하던 일을 멈추고 모두 구경꾼이 되었다. 하지만 1966년에 다리 밑으로 상수도관을 매다는 바람에 더는 그 모습을 볼 수 없게 되었다. 그 이후, 인구와 대형 차량이 늘어나면서 영도 다리 하나만으로 감당하기 어려워 1980년 그 옆에 부산 대교를 지었다. 하지만 오늘날 한국 근현대사의 상징적 건축물로 평가되어 2006년에 부산광역시 기념물 제56호로 지정되고 확장 복원 공사를 거쳐 2013년에 도개 기능도 복원했다.

영도처럼 우리나라의 큰 항구 앞에는 대부분 하나의 섬이 있다. 인천항에는 영종도, 부산 신항에는 가덕도가 있다. 이 섬들은 먼바다로부터 밀려오는 거센 파도를 막아 주는 역할을 한다. 이 섬들에 다리가 놓이면서 지역의 중심지로 부상하는 등 그 가치가 높아지고 있다. 대자연 섬이 경제성과 효율성을 중시하는 작은 인간의 모습을 닮아가고 있다.

나를 찾아주는 길이 있다 · 백두대간

오늘도 백두대간 종주에 나서는 사람들이 있다. 백두대간은 본래 길이 아니라 한반도의 중심 산줄기인데 그 능선을 따라 걷는 사람들에게는 길이 되었다. 지금 우리에겐 산맥이란 말이 익숙하지만 우리 조상은 산맥이란 말을 쓰지 않았다. '산맥'이란 말은 일본 지리학자 고토가 20세기 초에 우리 산줄기에 붙인 말이다. 우리 조상은 산줄기를 대간, 정간, 정맥으로 불렀고, 그중 으뜸이 백두대간이다. 신라 말, 도선은 『옥룡기』에 "우리나라는 백두(산)에서 일어나 지리(산)에서 끝났으며 물의 근원, 나무줄기의 땅이다."라고 썼다. 백두대간은 이미 1000년 전에도 우리 민족의 근원으로 여겨졌다.

한편, 백두대간은 우리에게 뿌리가 되어 주는 '아낌없이 주는 나무'다. 산림 자원도 듬뿍 내주고, 편안한 휴양지도 되어 준다. 이게 다가 아니다. 여러 동식물이 깃들일 집이 되어 주고, 대륙의 야생 동물이나 식물이 한반도로 들어오는 이동로가 되어 주기도 한다.

백두대간이란 말이 사람들에게 알려지기 시작한 것은

백두대간과 대간을 중심으로 뻗어 나간 여러 갈래의 산줄기들.

1990년대부터다. 백두대간은 백두산에서 시작되어 금강산, 설악산을 거쳐 지리산에 이르는 1400킬로미터의 산줄기다. 우리 조상은 우리 땅의 산줄기를 1개 대간, 1개 정간, 13개 정맥으로 구분했다. 동·서 바다로 흘러드는 강을 나누는 큰 산줄기를 대간·정간이라 하고, 거기서 갈라져 하나하나의 강을 나누는 산줄기를 정맥이라고 했다. 각 정맥의 이름은 대부분 강 이름을 따서 붙인 것이다. 백두대간은 우리 국토를 하나로 잇는 척추이자 우리 민족의 정신을 하나로 모으는 정신줄이다. 일제강점기 때 일본이 백두대간 곳곳에 쇠말뚝을 박은 것도 우리 민족의 일체감과 정체성을 파괴하려는 것이었다. 그래서 오늘도 백두대간을 걷는 사람들은 자신을 찾는다.

"인생의 전환을 꿈꾸고 싶은 사람들에게, 나는 '백두대간을 걸으십시오.'라고 한다. 백두대간은 우리 민족의 길이다. 그 험난하고 기나긴 길을 걸으면서 자신의 각오를 슬라이드를 돌려보듯 보게 된다. 미래도 생각하게 된다. 새소리와 벌레 소리도 듣지만 또 시대의 소리, 역사의 소리를 듣게 된다. 내가 백두대간을 걷지 않고 서울에 있었으면 절대 서울시장에 출마하지 않았을 것이다."

2013년에 백두대간 종주를 마치고 산에서 내려오던 길로 서울시장에 출마했던 박원순 서울시장의 말이다.

2010년에 경상남도 진해시는 창원시와 합쳐지면서 지금은 진해구가 되었다. 그럼, 사람들의 기억 속 진해는 어떤 모습일까? 봄이 되면 벚꽃 축제로 북적이는 곳, 해군 사관학교와 사령부가 있는 곳. 그리고 하나 더 있다. 방사상 도로다. 나처럼 지리를 공부하는 사람들에게는 벚꽃길보다 방사상 길이 먼저 생각난다.

'방사상'이란 중앙의 한 점에서 사방으로 바퀴살처럼 뻗어 나간 모양을 뜻한다. 방사 모양의 길을 가진 도시는 경관이 아름답고 주변에서 중앙으로 가기 편하다. 진해의 시내에 있는 제황산(탑산)에 올라 내려다보면 방사상 길과 바둑판 모양의

1930년대 진해 시가지 모습 ➔ 오늘날의 중원 로터리 모습과 거의 흡사하다. 지금은 볼 수 없는 1200살 먹은 팽나무가 로터리 한복판에 당당하게 자리하고 있다는 차이점만 빼면.

길로 잘 정비된 시가지가 보인다.

20세기 초에 일본에 의해 만들어진 진해시는 우리 땅 최초의 근대적인 계획도시였다. 그때 바둑판 모양의 도로망과 북원, 중원, 남원에 세 개의 로터리를 만들면서 방사상 길이 생겨났다. 그때는 북십(北辻), 중십(中辻), 남십(南辻)이라 했는데, 십(辻, 쯔지)은 '네거리, 큰 길'이라는 뜻이다. 당시 우리 땅에는 방사상 길이 한 곳 더 있었다.

바로 함경북도 나남이다. 하지만 지금은 방사상 길이 남아 있지 않기 때문에 진해가 근대 초에 만들어진 방사형 도로 구조를 가진 우리나라 유일의 도시가 되었다.

어떤 사람들은 진해의 방사상 도로가 일본 해군기(욱일기)를 본떴다고 한다. 하지만 욱일기를 닮은 길은 프랑스 파리, 이탈리아 로마, 인도 뉴델리, 미국 워싱턴, 러시아가 건설한 중국의 대련과 심양, 오스트레일리아 캔버라 등에도 나타난다. 무

욱일기

일본 국기인 일장기의 태양 문양 주위에 햇살 모양의 문양을 추가하여 만든 깃발로, 일본 제국주의와 군국주의의 상징으로 여겨진다. 2차 세계대전에서 일본이 패배하면서 사용이 금지되었으나, 1954년 일본 해상 자위대가 옛 일본 해군이 사용했던 욱일기를 군기로 채택하고 말았다.

엇보다도 욱일기는 태양을 중심에 두고 있지만, 그 당시 중원 로터리의 복판에는 당산나무인 팽나무가 있었다. 팽나무는 폭 30미터, 높이 15미터의 1200살 먹은 고목이었다. 중원 로터리 주변은 들이 펼쳐진 곳이라 이름도 '중평'이었다. 일본은 중평에 있던 9개 마을 주민들을 내쫓고 군사 기지 용도로 진해시를 만들었다. 하지만 이때도 팽나무만큼은 건드리지 않았다. 오히려 나무 주변에 러일전쟁 기념탑, 진해역, 우체국, 면사무소 등 주요 시설들이 들어섰다. 팽나무를 방사상 도로망을 가진 신도시 진해의 중심으로 삼았던 것이다.

일본인들은 왜 늙은 팽나무를 베지 않았을까? 그 이유는 팽나무가 당산나무였기 때문이다. 일본은 팽나무를 베면 당시 도시 건설 과정에서 땅을 빼앗긴 주민들의 분노가 폭발할 것을

당산나무

우리 민족에게 당산나무는 마을과 마을 주민을 지켜 주는 신이다. 당산나무는 하늘 세상과 땅의 세상을 이어주는 기둥으로, 마을을 지탱해 주는 대들보이다. 그래서 사람들은 당산나무를 베거나 천재지변으로 나무가 쓰러지면 화를 입을까 두려워했다. 한편, 당산나무 그늘은 마을 사람들의 행사장이자 더운 여름에 땀을 식혀주는 시원한 휴식처이기도 했다.

우려했을 것이다. 하지만 그렇다고 해도 정말 욱일기를 표현하고자 했다면 팽나무는 잘려나갔을 것이다. 이 팽나무는 일제강점기가 끝난 1950년대 중반까지 살아 있었다.

진해시가 만들어진 지 100년이 지난 지금, 오늘날 중원 로터리 중심에는 팽나무 대신 분수, 시계탑, 거북선 모형이 있다. 시간이 흐르면서 사람들 마음속에도 도시의 중심이었던 팽나무 대신 방사상 도로가 자리 잡고 있다. 그러나 그 도로는 식민지의 역사를 짊어진 운명의 길이다.

불편함이 추억이 되다 · 스위치백 철도

"스위치백은 오늘을 마지막으로 추억 속으로 사라집니다. 고맙습니다."

2012년 6월 26일, 동대구—강릉 간 무궁화호 1672호 열차가 통리역을 출발한 직후 안내 방송이 흘러나왔다. 이후 스위치백switchback 철도 운행이 완전히 중단되었다.

스위치백은 '자세를 반대로 바꾸다'라는 뜻으로, 열차로 산을 넘기 위해 만든 'Z자'형 철길이다. 서울이나 대구에서 출발한 열차가 동해안의 강릉으로 가려면 태백산맥을 넘어야 한다. 스위치백은 강원도 흥전역(해발 349미터)과 나한정역(해발 315미터) 사이 1.5킬로미터 구간에서 나타나는데, 여기서는 열차가 후진한다. 뒤로 달리는 시간은 약 5분 정도다. 그러나 이 스위치백 철도 구간은 솔안 터널(16.24킬로미터)를 포함한 새 길(동백산—도계간 17.8킬로미터의 철도)이 생기면서 이제 사람들의 기억에만 남게 되었다.

1963년 5월에 건설된 지 49년 만이고, 1939년에 생긴 인클라인 철도부터 따지면 73년 만이다. 열차는 1킬로미터에 높

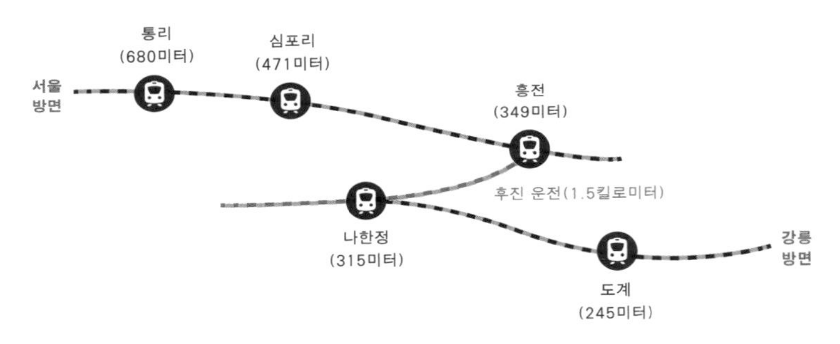

스위치백 선로 ➔ 흥전역에서 분기하는 스위치백 선로의 모습이다. 왼쪽이 강릉 방향, 오른쪽이 영주 방향이다.

이 30미터 이상은 오르기 힘들다. 그런데 도계역과 통리역 사이의 거리는 6킬로미터인데 고도가 자그마치 435미터나 차이가 난다. 이 때문에 스위치백을 설치해 급경사를 Z자 형태로 전진과 후진을 반복하면서 올랐던 것이다. 1939년, 철암—묵호 간 철도 건설 시에는 통리역에서 심포리역까지의 구간은 케이블로 연결하여 열차를 두 칸씩 매달아 끌어당기고 승객들은 기차에서 내려 1.1킬로미터 구간을 걸어 올라가던 인클라인 철도(강삭 철도)가 설치됐었다. 그러다 1963년에 스위치백 철도로 바뀌게 된 것이다.

이제 동백산역—도계역 운행 거리는 2킬로미터가 단축되고 운행 시간도 12~25분이 줄어들었다. 통리역, 심포리역, 흥전역, 나한정역은 폐쇄되었고, 우리 생활에서는 멀어져 갔다. 흥전—나한정의 스위치백 구간에는 테마파크가 건설되었고 증기기관차 모양을 한 관광열차도 운행 중이다.

산길이 땅의 이름이 되다 • 산의 고개와 행정구역

우리 땅의 고개들은 이름을 얻어 태백산맥, 소맥산맥, 적유령산맥, 부전령산맥, 마천령산맥, 마식령산맥, 차령산맥, 노령산맥 등이 되었다. 그 가운데 태백산맥의 철령, 대관령, 소백산맥의 조령은 우리 땅을 구분하는 기준이 된다.

현재 우리나라의 가장 큰 행정구역은 경기도, 강원도, 경상도, 전라도, 충청도 등이다. 이 행정구역의 뿌리는 관북 지방, 관서 지방, 관동 지방, 영동 지방, 영서 지방, 호남 지방, 호서 지방 등에 있다. 여기서 '호'는 금강(충청남도와 전라북도의 경계를 이루는 강) 또는 벽골제(전라북도 김제시 부량면 월승리에 있는 저수지 둑)를 의미하지만, 나머지 '관'과 '영'은 산의 고개를 일컫는 말이다. '왜 우리 땅을 부르는 이름이 여러 개일까?' 하고 짜증이 날 수 있다. 하지만 이 땅에 대한민국이 있기 전에 조선이 있었고, 또 그 이전에는 고려, 삼국(고구려, 신라, 백제) 등 여러 국가가 있었으니 그렇게 이해하고 넘어가자.

강원도와 경상북도가 조성한 '관동팔경 녹색 경관길'이라는 보행로가 있다. 관동팔경은 관동 지방(강원도 지역)의 아름다운 여덟 가지 경치, 즉 북한에 있는 삼일포, 총석정과 남한의 청간정, 의상대, 경포대, 죽서루, 망양정, 월송정을 합쳐 부르는

말이다. 그러니 이걸 다 보려면 강원도 고성의 대진 등대부터 동해안을 따라 속초, 강릉, 동해, 삼척, 그리고 경상북도 울진의 월송정까지 약 330킬로미터의 길을 걸어야 한다. 힘은 들겠지만, 이 길은 송강 정철이 노래한 가사 「관동별곡」을 따라가며 수려한 경관을 감상할 수 있는 길이다.

관동 지방은 다시 대관령을 기준으로 동쪽이 영동 지방, 서쪽이 영서 지방이 된다. 한편, 영남 지방은 대관령이 기준이 아니라 소백 산맥에 있는 조령이 기준이다. 문경새재로 불리는 조령의 남쪽이 영남 지방이다.

민족의 정신을 지키는 길목 · 철령

14세기 말은 고려가 문을 닫고 조선 시대가 열리는 시기였다. 힘 빠지는 고려를 지켜보고 있던 명나라는 기회를 놓치지 않고 '철령 북쪽 땅(지금의 함경도)을 먹겠다'고 선전포고한다. 사람이든 나라든 어려울 때 보면 누가 진짜 벗인지 알 수 있다는 말이 있는데, 명나라는 고려에 좋은 이웃은 아니었던 것 같다.

이에 고려 우왕은 명나라의 요구를 거부하고, 이성계 장군에게 5만 군사와 함께 출전하여 고구려의 옛 땅인 요동 지역까지 찾아오라고 명한다. 여기서 잠깐, 왜 명나라는 철령 남쪽만을 고려로 인정하려 했을까?

사실 지금도 중국은 동북공정이라는 것을 통해서 대동강과 철령 이북의 땅은 과거 중국의 것이었다고 주장하고 있다. 지금은 북한이 차지하고 있어서 큰소리 없이 지내고 있지만 언젠가는 중국이 철령 이북 땅에 대한 권리를 주장할 날이 올 것으로 많은 사람들이 예측하고 있다. 그러나 그것은 중국의 주장일 뿐 이미 한반도에서는 고대부터 철령 이북의 땅에도 우리의 조상들이 살아왔다. 백두산을 우리 민족의 영산으로 신성시하며 벼농사를 짓고 온돌을 이용하는 같은 문화권을 형성했다.

철령은 태백산맥이 시작되는 곳에 있는 산의 길목에 해당하는 고개다. 철령은 우리 땅의 척추이자 우리 민족의 정신적 지주인 백두대간의 등허리에 있다. 북쪽 백두산에서 백두대간을 따라 내려오면 남쪽 태백산맥 능선으로 들어서는 길목이다. 철령은 이토록 중요했기에 그곳에 '철령관'이란 관문이 있었고, 이 관문은 지역 간 경계가 되어 철령관 동쪽 강원도 땅을 관동, 서쪽의 평안도 일대를 관서, 북쪽의 함경도 땅을 관북 지방이라고 한다.

또 철령은 과거 한양에서 태백산맥을 넘어 함경도 땅으로 가려는 사람들이 넘어야 했던 산의 길목이다. 주로 해발고도 1500미터가 넘는 산들로 이어진 태백산맥에서 고도 685미터의 철령은 만만하고 매력적인 고갯길이다. 따라서 많은 사람이 장사 때문에, 시험 때문에, 전쟁 때문에, 혼인 때문에 이 고개를 넘었다. 조선 시대 태종의 명을 받아 목숨을 걸고 길을 떠났던 함흥차사도 철령을 넘어 함경도 함흥 땅에 있는 태조 이성계에게 갔다. 슬프게도 다시 돌아오지 못했지만.

철령의 중요함은 이게 다가 아니다. 철령은 우리 군대가 함경도 땅을 지나 지금의 중국 땅인 북쪽 대륙으로 나아가는 길목이자 북방의 오랑캐들이 우리 땅으로 침략해 들어오는 길목이었다. 과거 외적이 쳐들어올 때 북쪽에서 한양으로 오는 방법이 두 가지가 있었다. 하나는 의주를 거쳐 한양으로 오는 길이고, 다른 하나는 함경도 땅에서 철령을 넘어 한양으로 들어오는 길이다. 따라서 철령을 지킨다는 것은 곧 나라를 지키는 일이었다. 만약 철령을 잃는다면 우리 땅은 대륙으로 이어지지 못하고 작은 반도에 갇힐 수밖에 없다. 고려 말 명나라가 철령 이북을 욕심냈던 것은 우리 민족을 조그만 반도에 가두려 했기 때문이다. 그래서 우왕은 전쟁을 결심하고 이성계를 전쟁터로 보냈던 것이다.

하지만 이성계는 군대를 이끌고 압록강 하구에서 등을 돌려 오히려 고려를 무너뜨리고 조선을 건국했다(위화도 회군). 열

위화도 회군

고려 말기인 1388년에 요동 정벌군의 장수였던 이성계, 조민수가 "①작은 나라로 큰 나라를 거스르는 것은 옳지 않다, ②여름철에 군사를 동원하는 것은 옳지 않다, ③온 나라의 병사를 동원해 원정을 하면 왜적이 그 허술한 틈을 타서 침범할 염려가 있다, ④무덥고 비가 많이 오는 시기이므로 활의 아교가 풀어지고 병사들도 전염병에 시달릴 염려가 있다."는 이른바 '4불가론'(四不可論)을 주장하며 압록강의 위화도에서 군사를 돌려 정변을 일으키고 권력을 장악한 사건이다.

한 살짜리 어린아이 우왕이 다스리는 고려는 이미 국왕의 권위가 추락한 상태였고, 높은 벼슬아치들이 불법을 일삼는 바람에 농민들은 토지를 잃고 소작농이나 노비로 전락했다. 또 자연재해, 홍건적과 왜구의 잦은 침입 등으로 고려를 개혁해야 한다는 목소리가 높았던 시절이라 정몽주, 권근 같은 고려 신하들도 처음에는 이성계의 위화도 회군을 지지했다. 그러나 고려를 개혁해서 좋은 나라로 만들자고 했던 정몽주의 생각과 달리 이성계는 새로운 나라 조선을 세웠던 것이다. 그리고 조선 건국이라는 변혁의 중심에 철령이 있었다.

함흥차사의 길 · 역사 속 철령

조선을 세운 이성계는 3대 왕(태종)인 아들 방원에게 화가 나서 왕궁을 떠나 함경도 함흥으로 갔다. 이성계가 정도전의 건의에 따라 여덟째 아들 방석을 왕세자로 책봉하자, 다섯째 아들 방원이 방석은 물론 일곱째 아들 방번까지 죽였기 때문이다. 방원은 개국 반대 세력을 제거하고 조선을 세우는 데 자신의 공이 컸다고 생각했는데, 아버지 태조가 이복동생인 방석에게 왕위를 넘기려 하자 화가 났다. 이에 정도전과 이복형제들을 죽이고 왕위에 오른다. 이것이 '왕자의 난'이다.

격노한 이성계는 한양을 떠나 그의 고향인 함경도 함흥으로 갔다. 그때부터 이방원은 아버지한테 화를 푸시고 궁으로 돌아오시라는 뜻을 전하는 차사를 보낸다. 그러나 함흥에 간 차사마다 다시 돌아오지 못했다. 이성계가 자신을 찾아온 차사를 족족 죽였기 때문이다. 그래서 유래된 말이 바로 '함흥차사'다. 심부름을 보냈는데 오래도록 오지 않을 때 쓰는 말이다. 수백 년 간 이어져 내려오는 함흥차사라는 언어는 나라가 바뀌고, 차사라는 직함이 사라진 지금도 우리 곁에 남았다.

죽을 것을 뻔히 알고 가야 했던 '함흥차사의 길'은 어땠을까? 그 당시 함흥차사는 한양을 떠나 경기도 양주와 포천을 지나 철령을 넘어 함흥으로 갔다. 이 길은 조선 시대 한양과 함흥을 잇는다고 해서 경흥로로 불렸으며 오늘날 43번 국도가 지나는 길이기도 하다. 경흥로는 조선의 6대로 중 하나로 지금의 서울에서 북한의 강원도와 함경도까지 뚫린 일종의 고속도로다. 경흥로의 하이라이트는 단연 태백산맥을 넘는 '철령'이다.

4

경제 발전과 전통 사이에 놓인 길

길은 경제다. 큰 길, 큰 운하, 바닷길, 하늘 길은 대부분 경제적 이유 때문에 만들어졌다고 해도 과언이 아니다. 길은 물자를, 인력을, 세금을 옮겼다. 산업 혁명을 거치고 대량 생산과 대량 소비 경제가 가능해지면서 수를 헤아릴 수 없을 정도로 많은 양의 물자와 자본이 길을 따라 이동되었다. 즉, 길이 경제이고, 경제가 길이라고 할 만큼 현대사회의 경제는 길을 중심으로 이루어지고 있다.
하지만 모든 길이 경제성을 가지고 있는 것은 아니다. 언제부터일까. 빠르지 않은 길은 그 생명력을 잃어버리게 되었다. 터널이 생기면서 고갯길이 사라져 갔고, 고갯길에 있던 매점도 문을 닫았다. 고속 철도가 생기면서 일반 열차는 사라져 가고 있다. 사람들은 이동 시간을 줄이려고 하고, 철도회사는 높은 소득을 올리려고 하니 일반 열차가 사라져 가는 속도는 더욱 빨라진다. 기차가 서지 않는 폐역과 폐선도 자꾸 늘어났다. 길도 사람들처럼 경쟁으로 내몰리기 시작했다.

교역을 위한 길이 생겨나다 · 비단길

비단은 로마 시대에 금과 더불어 가장 비싼 물건이었다. 비단을 몸에 걸치고 있다는 것 자체가 엄청난 부와 명예를 가지고 있다는 뜻이었다. 비단은 원산지인 중국에서도 매우 비싼 물건이었지만, 비단길로 운반되어 로마에서 팔리는 가격은 중국에서 왕 서방이 파는 가격보다 무려 100배나 비쌌다. 그 비싼 비단을 온몸에 두르고 다녔던 로마 황제 엘라가발루스는 지금까지도 사치의 왕으로 불린다.

비단길Silk Road은 기원전 4세기경부터 16세기까지 동서양을 잇던 길이다. 비단길은 19세기의 독일 지리학자 리히트호펜이 이 길에서 주로 비단이 거래된 것을 알고 붙인 이름이다. 중국 장안(시안의 옛 이름)—중앙아시아—서아시아—고대 로마의 수

교역을 위한 길

비단길

중앙아시아 사막의 오아시스 지대를 지나기 때문에 '오아시스길'으로도 불린다. 오늘날에는 비단길을 다시 해석하여, 과거 동양과 서양을 잇던 큰길인 초원길, 바닷길까지 비단을 운반한 비단길로 보기도 한다.

초원길

유라시아 대륙 북방의 초원 지대를 동서로 횡단하는 길이다. 주로 유목민이나 기마 민족이 이용했다.

바닷길

지중해와 홍해, 인도양, 동남아시아, 중국, 한반도를 거쳐 일본까지 이어지는 길을 말하며, 이 길로 주로 도자기와 향료 교역이 이루어졌다. 18세기부터는 해상 교통이 발달해 비단길과 초원길은 거의 이용되지 않고 주로 바닷길이 이용되었다.

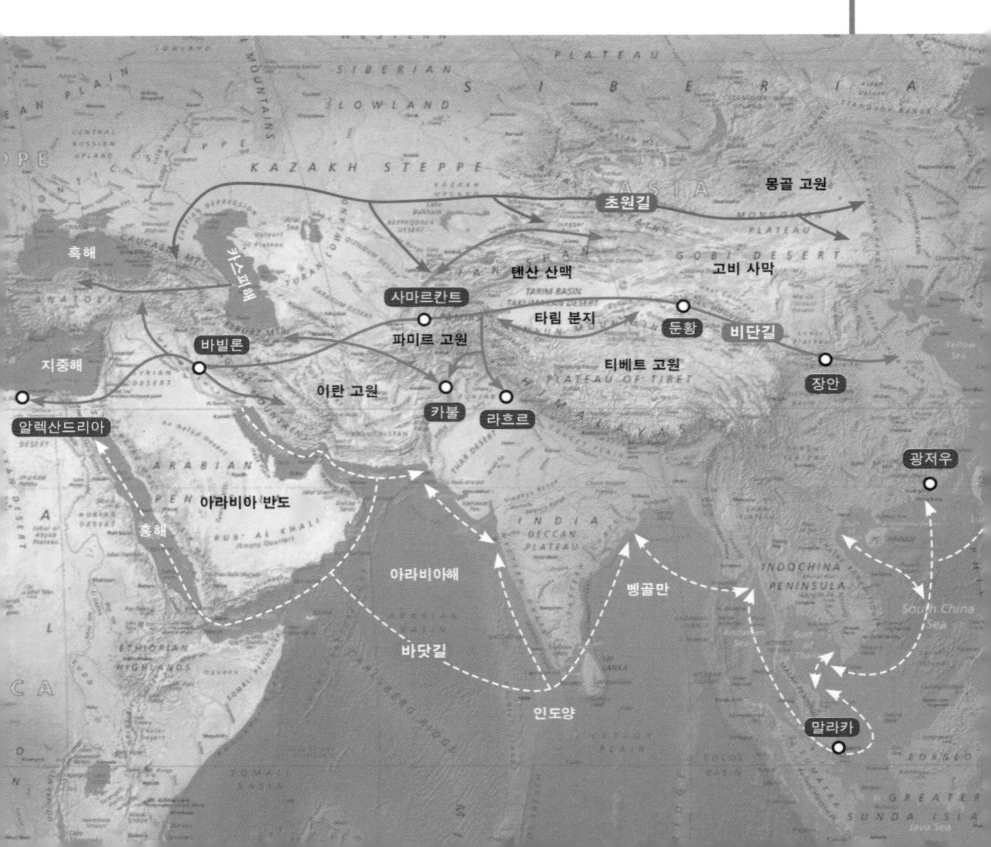

도 콘스탄티노플(지금의 터키 이스탄불)에 이르는 길로 7000킬로미터에 달한다.

중국의 비단이 로마까지 오는 길은 비단길과 바닷길, 두 갈래였다. 비단길은 중앙아시아의 사막과 초원을 거쳐 지중해 동부 연안에 이르는 길이고, 바닷길은 동남아시아의 말라카 해협을 지나 인도양을 지나고 홍해를 거쳐 이집트의 알렉산드리아로 오는 길이다. 두 길이 너무 달라서 로마인들은 비단길로 오는 비단은 '세레스'Seres에서, 바닷길로 오는 비단은 '시나에'Sinae에서 만드는 것으로 여겼다. 알고 보면 둘 다 중국을 가리키는 말인데 말이다.

교역로에 들끓던 도둑과 강도를 상대하기 위해 상인들은 군인처럼 무장하고 다녔다. 100배의 이익을 가져올 수 있는 교역은 상인 처지에서는 위험을 무릅쓰면서도 포기할 수 없는 기회였다.

고대 호박의 교역로 · 호박길

호박길Amber road은 호박이 오고 가며 1000년 이상 유지되었던 길이다. 북유럽의 호박은 북해와 발트해 연안에서 출발해 유럽의 도나우강과 드네프르강을 수운으로 타고 내려와 다시 육지 길을 지나 지중해의 이탈리아와 그리스, 그리고 흑해 연

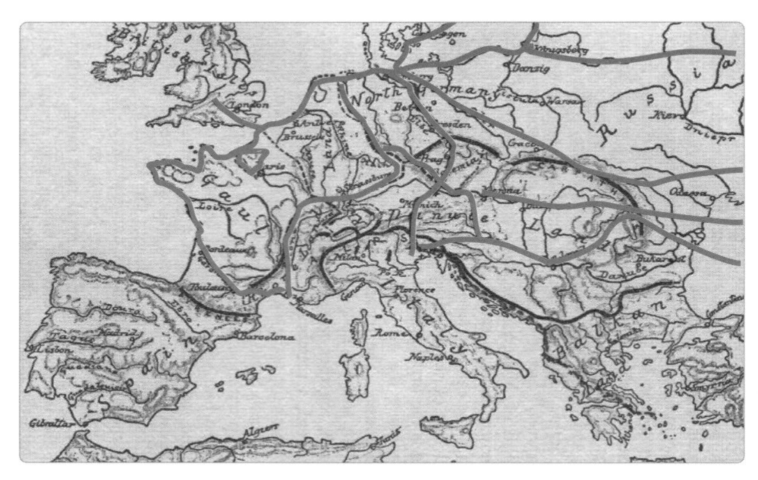

호박길 ➔ 호박이 오고 가며 1000년 이상 유지되었던 길. 유럽에서 호박이 발견된 지역을 연결하면 그것이 호박길이 된다.

안으로 운반되었다. 여기서 말하는 '호박'은 반찬으로 식탁에 오르는 채소가 아니라 보석의 한 종류를 가리킨다. 고대 이집트 왕 투탕카멘의 묘에는 북유럽에서 온 노란 호박으로 된 물품이 있다. 이렇듯 호박은 그리스의 아폴로 신전에도 보내졌고, 흑해에서는 비단길을 통해 아시아로도 보내졌다.

오스트리아의 수도 빈은 도나우강을 따라 발달한 2000년의 역사를 가진 도시이자 오랫동안 정치·문화적으로 유럽의 중심지 중 하나였다. 과거 빈이 유럽의 중심지로 떠올랐던 이유는 바로 호박길 때문이었다. 알프스산맥과 카르파티아산맥 사이에 있는 빈은 고대 호박길이 남북으로 지나고 도나우강이

동서 교통로 역할을 해 주어 세계 곳곳의 문물이 모이는 곳이었다. 하지만 2차 세계 대전 후 미국, 영국, 프랑스, 소련 등이 세계의 중심이 되면서 그 힘이 많이 줄었다. 지금은 음악의 도시로 더 유명하다.

세금을 나르는 강길 · 조운 제도

강을 통한 물길 이용이 제도적으로 자리를 잡은 것은 고려의 조운 제도 이후로 알려졌다. 조운은 삼국 시대에도 있었을 것으로 생각되나 기록으로는 고려 때부터 남아 있다. 조운은 세금과 공물을 조창(창고)에 모았다가 때가 되면 배(조운선)에 실어 예성강 입구의 경창(수도의 중앙 창고)으로 운송하는 제도다. 고려 때는 전국 13곳에 조창이 있었고, 거둬들인 세금은 서해와 남해, 그리고 내륙의 강을 통해 고려의 수도 개경으로 왔다. 주로 이듬해 2월에 배로 나르는데, 개경에서 가까운 곳에서는 4월까지, 먼 곳에서는 5월까지 경창으로 운반을 끝냈다. 그 당시 세금은 주로 곡물이나 그 지역 특산물로 내는 경우가 많았고, 곡물은 주로 메밀, 볍씨, 조, 콩, 메주 등이었다.

고려 말—조선 초에는 나라가 바뀌는 한반도의 어수선한 분위기를 틈타 바닷가에 왜구의 침략이 잦았다. 따라서 세금 운반은 바닷길보다 강길과 육지 길에 더 의존하게 되었다. 왜

적이 소탕된 것은 그 이후 세종 때이며, 세조 때부터 다시 바닷길이 정상화되었다. 조선도 고려의 조운 제도를 이어받았다. 조선 역시 조운을 통해 국가를 운영해야 했기 때문에 한강을 끼고 있는 한양을 수도로 정했다. 해안과 내륙 강변에 조창을 두었고, 이들 조창에서 올라온 세금은 한강변의 경창으로 모였다. 전라도·충청도·황해도는 바닷길로, 강원도는 한강, 경상도는 낙동강과 남한강을 이용해 경창으로 세금을 운송했다. 특히 경상도 세금은 낙동강에서 출발하여 육지 길로 계립령과 죽령을 넘은 뒤 한강을 이용하여 올라왔는데, 죽령은 경북 풍기에

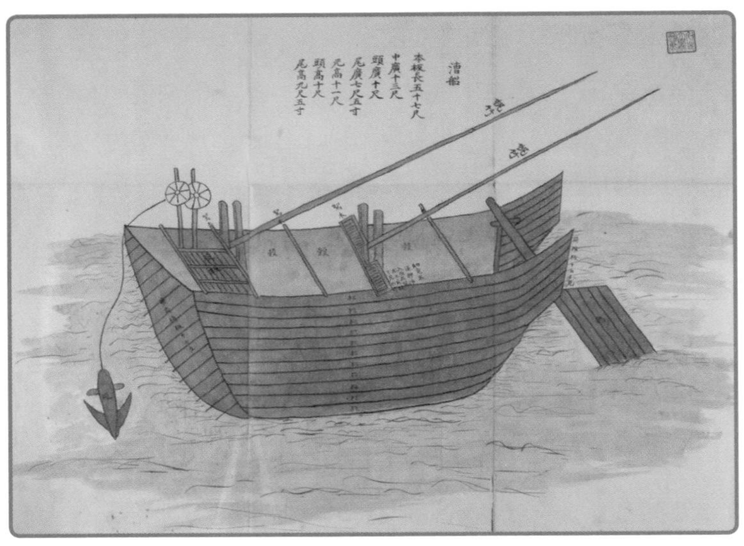

조선 시대 조운선 ➔ 1797년경 제작된 것으로 추정되는 선박 도면 책 『각선도본』에 실린 조운선 도면. 조선 후기에 삼남 지방(충청, 전라, 경상도)에서 세금으로 거둔 곡물을 뱃길로 운반했다. ©규장각 한국학연구원

서 충북 단양을, 계립령은 경북 문경에서 충주를 잇는 고개다.

한편, 조선은 양반 사회이자 성리학의 나라로 상업을 경시하고 억제했기 때문에 지금처럼 교역이 활발하지는 못했다. 그리고 우리나라의 강은 여름이면 폭우로 넘치고 갈수기나 겨울에는 바닥이 드러나거나 물이 얼어 강길이 발달하기는 어려웠다. 갈수기에는 강바닥에 쌓인 모래를 깊게 파내야만 배가 지날 수 있을 정도였다.

광해군 이후 대동법으로 삼남 지방의 세금 운송량이 두 배로 늘어 정부의 배(조운선)만 가지고는 모두 운반하기 어려웠다. 그래서 상인들이 가지고 있던 배(상선)가 세금의 절반 정도를 운반했다. 조운선은 한정된 물품을 특정한 계절에 한하여 수송했지만 상선은 강이 얼 때를 빼고는 거의 연중무휴로 생활에 필요한 물건 대부분을 수송했다. 또 조운선은 지방의 산물을 일방적으로 중앙으로 가져가는 것이었지만 상선은 상류와 하류의 생산물을 교류시켜 각 지역의 생산 활동에 활기를

평안도·함경도·제주도는 왜 조세미를 경창으로 운송하지 않았을까?

평안도와 함경도는 국경에 가깝고, 명나라와 청나라의 사신 왕래가 잦은 곳이어서 조세를 현지에서 사신 접대비와 군사비로 사용했기 때문이다. 또 제주도는 논이 거의 없어 쌀이 많이 나지 않고, 바닷길도 험한 데다 운송 거리까지 멀어 조운에서 제외되었다.

잉류는 지방에서 거둔 조세미를 경창으로 운송하지 않고, 지방에서 자체적으로 쓰도록 한 것을 말한다. 경창으로 조세미를 보내지 않은 지역으로, 잉류가 적용된 지역을 잉류 지역이라고 한다.

넘었다.

하지만 상선의 주인들은 세곡을 빼돌리고 일부러 배를 침몰시키는 등 잔꾀를 부리기도 했다. 그럴 때마다 조세가 추가되어 결국 피해는 백성들이 봤다. 조운 제도는 훗날 세금을 돈으로 내는 금납화(金納化)가 이루어지면서 차츰 폐지되었다.

철도로부터 시작된 교통 혁명, 그리고 경제 변화 · 경인선

'노가다'란 말이 있다. 공사장에서 막일하는 것을 이른다. 이 노가다란 말은 서울과 인천을 잇는 철도인 경인선 건설 당시 무거운 침목이나 레일을 나를 때 일꾼들끼리 호흡을 맞추기 위해 쓰던 구령이었다. 작업 반장이 일본말로 "노(좋다, 으뜸)!"라고 구령을 붙이면, 나머지 일꾼들이 "가다(덩치, 모양)!"라고 후렴을 붙이며 무거운 것을 날랐다. 경인선은 우리 조상이

경인선 초기의 기차표 ➔ 1900년대 초의 기차표를 보면 인천역이 영어로는 'Chemulpo'로 되어 있고, 실제로도 제물포역으로 불렸다. 그 밖에 축현역은 'Saalijy'(우리말로는 싸릿재), 우각동은 'Sopple'(우리말로는 소뿔), 오류동은 'Oricle'(우리말로는 오릿골), 노량진은 'Nodd'(우리말로는 노들)로 표기되어 있음을 알 수 있다.

경인선 개통 당시의 객차 사진 ➔ 우리나라 최초의 철도로, 서울 구로와 인천을 잇는 총 27킬로미터의 복선 철도로 건설되었다. 1899년 9월 18일에 개통되었다.

다소 우스꽝스러운 '노가다'란 구령과 함께 땀 흘려 완성한 결실이었다.

일제 강점기에 신작로가 닦이기 전, 곧게 뻗은 철길이 사람들의 마음을 뒤흔들었다. 1899년 9월 18일, 지금의 수도권 전철 1호선인 경인선(서울—인천)이 개통되었다. 경인선은 한국 최초의 철도이고, 경인선이 태어난 날이 바로 철도의 날(9월 18일)이다.

이동이란 그저 '걷는 것'이라고 생각했던 사람들에게 한 번에 수백 명을 태우고도 지치지 않고 달리는 거대한 '쇠 말'(기관차)은 그야말로 변혁의 상징이었다. 마침내 우리 땅에 교통 혁명이 시작된 것이다. 이 혁명은 도보—철도(기차)—도로(자동차)—항공(비행기) 교통으로 빠르게 퍼져 나갔다. 20세기 들어 말보다 더 빠르게 이동할 수 있는 세상이 열린 것이다. 철도를 통해 원료, 연료, 상품, 여행객의 이동이 늘면서 경제의 변화가 진행되었다.

그런가 하면 양반과 상인, 서민과 노비가 한 칸에 같이 앉아 같은 속도로 이동하는 사회의 변화가 진행되었다. 조선 전기만 해도 나라와 양반이 주인이었던 길이 온 백성이 주인인 길로 변화했다. 교통 혁명은 이동 속도를 올리는 데서 끝나지 않고 개인과 사회, 그리고 국가의 구조를 바꾸는 데 영향을 주었다.

강길의 힘이 철길로 옮겨 가다 · 강경과 천안

20세기 초까지만 해도 강경은 평양, 대구와 함께 조선 3대 시장이 서던 곳이다. 18세기, 금강 하류에 있는 강경에는 바다와 강을 통해 충청남도와 전라북도의 물자가 모였다. 강경은 논산평야의 풍부한 농산물과 서해안의 수산물을 구할 수 있는 시장이자 중국 무역선까지 들어오던 서해안 최대의 무역도시였다. 군산항으로 들어온 물자의 약 80퍼센트가 강경 시장을 통했다. 또 강경은 원산, 마산과 함께 최고의 어시장이기도 했다. 강경의 위상이 이 정도이다 보니 충청도 공주와 전라도 전주의 상권까지도 강경 상인들 손아귀에 있었다. 이중환의 『택리지』에도 강경 포구가 막강한 경제력을 가진 경제 중심지로 나온다.

그러나 20세기 들어서 경부선, 호남선 철도가 개통되고, 충북선과 장항선이 개통되면서 금강의 물길은 차츰 쓸모없어져 버렸다. 운항하는 배가 줄자 물길 관리도 소홀해지고 강바닥에는 흙과 모래가 쌓여 길 자체가 마비되어 버렸다. 대전 같은 철도 주변 도시가 새 중심지로 성장해 가는 반면 강경, 공주, 부여와 같은 금강의 항구도시들은 점차 힘을 잃었다.

오늘날에도 강경에는 4자와 9자로 끝나는 날이면 오일장인 강경장이 선다. 가을이면 반짝 젓갈 시장이 열려 성시를 이루지만, 이제는 과거의 큰 시장이 아니라 시골의 작은 시장일 뿐이다. 상인과 손님 대부분도 강경과 그 인근 사람들뿐이고, 거래 상품은 옷, 신발, 돗자리, 화초, 채소, 가축 등으로 다른 시골장과 다를 것 없다.

한편, 천안의 운명은 달랐다. 2005년에 천안역 도시철도가 개통되었다. 서울에서 출발한 도시철도가 경기도를 넘어 충청도까지 가게 된 것이다. 그 당시 천안의 아파트 분양 광고에는 '서울시 천안구로 오십시오.'란 문구가 나붙었다. 어찌 보면 허위·과장 광고 같지만 꼭 그렇지도 않다. 수도권이란 말 자체가 서울의 영향권에 있는 지역을 뜻하니까. '수도권'은 수도를 중심으로 같은 생활권으로 묶여 있는 인구 2500만여 명의 서울·경기·인천 지역이다. 그런데 충청남도 천안이 KTX와 도시철도로 연결되면서 서울—천안 간 통근·통학하는 사람과 서울로 쇼핑 오는 천안 사람이 늘었다. 천안은 9개 대학이 밀집해 있는 도시인데, 이곳 대학의 학생들은 서울·경기·인천 출신이 70~80퍼센트다. 이들 학생 중 전철 개통 후 철길을 이용해 통학하는 수가 두 배나 늘었다.

한편, 천안역 주위엔 '노인 여행객'도 늘었다. 65세 이상 노인들은 무료인 전철을 타고 서울, 일산, 안산 등에서 출발해 천안으로 온다. 노인들은 천안역 앞에서 버스를 타고 온양 온천으로 가서 목욕을 즐기고 식사를 한 후 집으로 돌아간다. 이 정도면 천안이 수도권이라고 해도 억지는 아닌 듯하다. 1995년에 33만 명이었던 천안 인구가 2019년에 68만 명이 되었다.

운명은 풍선과 같다. 한쪽을 누르면 다른 한쪽이 튀어나오는 것처럼 새 길이 강경의 운명에는 그림자가, 천안의 운명에는 빛이 되었다. 하지만 생각해 보면 과거 강경이 누렸던 화려한 빛도, 현재의 쇠락한 그림자도 모두 같은 물길에서 온 것이다.

과연 빠른 길이 모두에게 경제적일까? · 배후령 터널

2012년 3월, 길이 5057미터로 당시 자동차 도로 터널로는 우리나라에서 가장 긴 배후령 터널이 뚫렸다. 참고로 2019년 기준 우리나라에서 가장 긴 도로 터널은 인제와 양양을 잇는 인제양양 터널(11킬로미터)이다. 배후령 터널이 뚫리면서 강원

배후령 터널 ➔ 46번 국도에 있는 길이 5057미터의 터널. 2015년 인제 터널이 개통되기 전까지 국내 최장 터널로, 강원도 춘천과 화천을 잇는다.

도 춘천에서 양구로 가는 길이 1시간 30분에서 30분대로 단축되었다. 이로써 '악마의 고개'로 불리던 배후령 길은 추억의 길이 되었다.

1973년에 소양강 댐을 만들면서 소양강 상류를 따라 배후령 길이 생겨났다. 고개는 보통 산을 넘기 위해 찾는 최선의 통로인데 반해 배후령은 있던 길이 사라지는 바람에 생겨난 통로다. 댐이 있기 전에는 양구에서 소양강변을 따라 울퉁불퉁한 비포장 길을 40분 정도 가면 춘천에 닿았다. 하지만 댐 건설로 생긴 호수가 비포장 길은 물론 길가에 있던 오래된 마을(수구동, 청평리)마저 삼켜 버렸다. 그 후 40년을 주민들은 산허리를 깎아 만든 해발고도 600미터의 꼬불꼬불한 배후령을 넘어 춘천—화천—양구를 오갔다. '배후령 길'은 북서향인 탓에 겨울에 눈이 내리면 오랫동안 녹지 않고, 오르막이나 내리막 모두 뱀이 똬리를 튼 모양이라서 1년에 20건 이상의 교통사고가 일어나는 '악마의 고개'가 되었다. 실제로 배후령 길을 자동차로 가 보면 멀미가 나고 속이 울렁거릴 정도이며, 도로변에는 '브레이크 파열 주의' 안내판이 줄지어 서 있다. 이렇다 보니 이곳 주민들은 배후령 터널을 누구보다도 기다렸다. 나는 존재하는지조차 몰랐던 터널을 누군가는 40년이나 기다렸다니 미안한 마음이 든다.

주민들의 바람이 옳았을까? 배후령 터널이 생긴 후 오지 중의 오지로 불리던 양구를 찾는 관광객과 양구로 이사 오는 인구가 늘었다. 터널 개통 후 석 달 동안 양구를 찾은 관광객이 약 35퍼센트 늘었으며 인구도 개통 후 두 달 간 137명이 늘어났다. 이후에도 수도권과 접근성이 높아진 덕분에 관광객과 거주 인구가 꾸준히 증가하고 있다. 양구군의 인구는 터널 개통 5년이 지난 2017년, 최저점을 찍었던 2006년보다 2700명 가량 늘어난 2만 4000명 선을 유지하고 있다. 이외에도 기업 없는 땅으로 불렸던 양구에 농업, 공업 분야의 기업들을 유치하며 일자리 창출을 통해 지역 경제에 활기를 불어넣었다.

터널은 두 지점을 잇는 최단 거리이다. 산을 높이 올라 넘는 길에 비해 몇 배는 짧고, 오가는 시간도 훨씬 단축된다. 겨울에 눈이 아무리 많이 내려도 터널에는 눈이 쌓이거나 어는 일이 없다. 여름에도 집중호우나 태풍의 위협에서 안전하다. 하지만 터널 안은 봄에도 꽃이 피지 않고, 가을에도 단풍이 들지 않는다. 터널은 그저 길거나 짧을 뿐이며, 오로지 통과하기 위해서만 존재한다. 또 터널은 도중에 쉬는 것을 허락하지 않는다. 그래서 고개를 넘을 때 만나는 휴게소 같은 쉼터가 없다. 터널에

세계에서 가장 긴 터널 '고트하르트 터널'

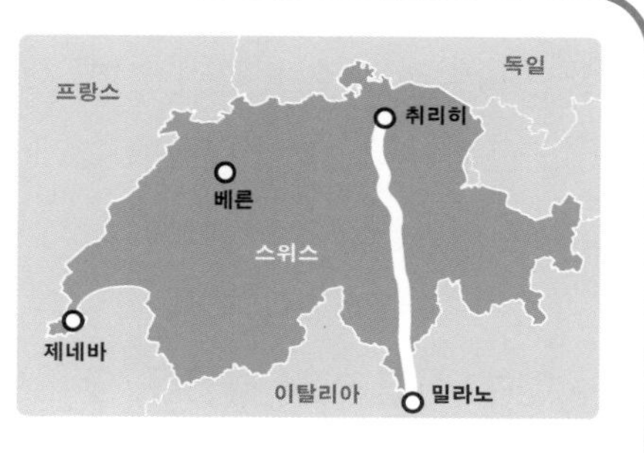

스위스 남부 알프스 산맥 아래로 세계에서 가장 긴 터널이 뚫렸다. 길이 57킬로미터의 '고트하르트 터널'로 14년간 총 2500여 명의 인력과 100억 달러를 투입해 완공했다. 그리고 2016년 12월 11일, 고트하르트 터널이 정식 개통했다. 이 터널을 통해 시속 250킬로미터의 고속 열차가 달리게 된다. 이 터널을 이용할 경우 스위스 취리히와 이탈리아 밀라노를 1시간 반 만에 오갈 수 있다. 지질학자들은 스위스 알프스 산맥에 이 같은 터널을 뚫는 것이 불가능하다고 진단했다. 지질 상태를 예상할 수 없어 인부들의 생명을 보장할 수 없기 때문이다. 실제로 공사 도중 인부 8명이 희생되었다.

한편, 기존에 세계에서 가장 긴 터널은 일본의 혼슈와 홋카이도를 연결하는 세이칸 해저 터널(53.8킬로미터)로, 고트하르트 터널과는 약 3킬로미터 차이가 난다. 참고로 세계에서 가장 긴 도로 터널은 2000년에 개통한 노르웨이 오슬로와 베르겐을 연결하는 이레르달 터널로 24.5킬로미터이며, 지하철이 다니는 세계에서 가장 긴 지하 터널은 서울 방화동과 상일동 사이에 놓인 지하철 5호선 터널로 47.6킬로미터이다.

서 자동차를 세우고 쉰다는 것은 죽음을 부르는 행동이다. 터널을 빠져나갈 때까지 쉬지 않고 달려야 한다. 터널에서의 사고는 길고 긴 무덤에 꼼짝없이 갇히는 것과 같다. 더구나 배후령 터널은 편도 1차선이어서 만약 사고가 난다면 이는 엄청난 재앙이 될 것이다.

한편으로 터널은 빨대와 같다. 빨대는 빠는 힘이 센 쪽으로 액체를 빨려 들어가게 한다. 그렇다면 춘천과 양구 중 어느 쪽의 빠는 힘이 더 셀까? 얼마 동안은 양구에 인구가 늘고 관광객이 북적일지 모르지만 장기적으로는 힘이 센 춘천으로 인구와 상권이 빨려 갈 가능성이 높다. 사람들 역시 아마도 교육 여건이나 문화 시설이 더 나은 춘천에 가장 많이 살 것이다. 또 양구의 작은 마트는 춘천에 있는 대형 마트와 경쟁을 해야 하고, 마찬가지로 양구의 작은 학원은 춘천의 대형 학원과 경쟁해야 한다. 터널 역시 길이다. 앞에서 말했듯이 길은 두 개의 얼굴을 하고 있다는 것을 기억하자.

개발과 발전, 그리고 옛길 · 미시령 길

미시령(해발고도 826미터)은 태백산맥 서쪽에서 동해안의 속초로 갈 때, 혹은 속초에서 태백산맥 서쪽으로 갈 때 넘어가는 고개 중 하나다. 예부터 미시령은 설악산 국립공원을 가로지르

미시령 터널과 미시령 옛길(좌), **그리고 미시령 휴게소 주차장**(우) ➔ 2007년 미시령 터널이 뚫리면서 미시령 고개를 넘는 길은 옛길이 되었다. 대신 옛길 정상의 주차장이 개방되어 이곳을 찾는 사람들에게 좋은 쉼터가 되어 주고 있다.

는 최고의 풍광을 가진 고개로 금강산의 만물상 고개에 비유될 정도였다. 그래서 동해로 가는 사람들의 머릿속에 바다보다 더 깊은 인상을 남기곤 했다.

미시령은 대관령(해발고도 832미터)이나 한계령(해발고도 1004미터)보다 낮지만 길이 구불거리고 험해서 옛날에도 우마차가 미끄러져 넘어지는 일이 흔했고, 산적도 들끓었다. 그래서 미시령 길은 넘으려면 오랜 시간이 걸릴뿐더러, 죽음을 각오해야 하는 길이었다.

미시령 길은 1950년대에는 군사용으로나 쓰는 좁은 비포장도로였으나 이용객이 늘면서 4차선 포장도로가 되었다. 단풍철이나 여름 물놀이 때면 심각한 교통 체증으로 지루하게 넘어야 했으며 겨울이면 눈이 쌓여 걸핏하면 통제되기로도 유명했다. 이런 것들이 이유였을까? 2007년에 미시령 아래로 미시령 터널이 뚫렸다. 강원도 인제군과 속초시를 잇는 미시령 터널(3.69킬로미터) 덕에 험한 산길 15킬로미터를 넘으며 걸렸던 통행 시간이 20분 이상 단축되었다.

얻는 것이 있으면 잃는 것도 있는 법. 우리는 미시령 정상의 미시령 휴게소에서 훤히 보이던 속초 앞바다를 잃었고, 오른쪽으로 고개를 돌리면 눈에 들어오던 병풍을 두른 듯한 '울산바위' 풍경도 잃었다. 또 정상에서 마시던 차 한 잔의 여유와 기념사진을 찍던 즐거움도 잃었다. 이제 미시령 휴게소는 문이 굳게 닫혀 있다. 대관령 휴게소가 대관령 터널 때문에 문을 닫은 것처럼 미시령 휴게소도 추억이 되었다.

반가운 소식은 2014년 5월 1일부터 휴게소 운영 중단과 함께 폐쇄됐던 옛길 정상의 주차장이 개방되어 차량 주차가 가능해졌다는 것이다. 미시령을 찾는 여행객들이 차량을 주차하고 잠시 쉬어 가며 맑은 날에는 멀리 속초시와 동쪽 바다를 조망할 수 있다고 한다. 그래도 다행이다. 미시령을 추억으로 간직하고 있는 사람들에게는 옛길로라도 남게 되었으니. 하지만 그 고갯길에서 생계를 잇던 사람들은 그 어디에도 남지 못했다.

옷장을 열면 한쪽 구석에 버려진 듯 박혀 있는 헌 가방이 있다. 한때 뻔질나게 들고 다녔던 가방인데 새 가방을 사면서 천천히 잊혔다. 내다 버리지 않은 것을 보면 언젠가는 또 메고 나갈 것으로 생각했나 보다. 하지만 지금까지는 옷장 속에서 본 게 마지막이었다. 오늘의 새 길이 어제의 길을 옛길로 만드는 일, 빠른 길이 느린 길을 죽이는 일이 전국 곳곳에서 개발과 발전이라는 이름으로 이루어지고 있다.

이런 일들은 과연 삶과 죽음처럼 당연한 것일까? 본래 속도란 빠름과 느림, 둘 다 가리키는 말인데 언제부터인가 우리에게는 빠름만 뜻하는 말이 되었다. 미시령 길이 '옛길'이란 이름표를 달고 난 후 사람들은 그곳에 섰던 10년 전 혹은 20년 전의 자신을 떠올렸을 것이다. 왜 소중한 것은 꼭 사라진 후에 기억나는 것일까? 부모가 돌아가신 후에야 부모의 소중함을 가슴 깊이 깨닫듯 미시령 길이 얼마나 아름다운 길이었는지 지난 뒤에야 깨닫는다.

경제를 지탱하는 바닷길 • 울산항

1963년, 울산항이 문을 열었다. 이는 경제개발5개년계획과 아시아 및 태평양의 해상 교통 요충지라는 지리적 위치 때문이었다. 국제적으로 바닷길을 이용한 화물이 늘면서 배는 더 커졌고 더 빨라졌다. 또 여객선과 화물선이 뚜렷이 구분되었고, 이 때문에 큰 항구가 필요하게 되었다. 오늘날 울산항은 국내 최대 공업항이자 국내 최대 산업 단지 지원항으로 전체 물동량은 부산항, 광양항에 이어 국내 3위지만 액체 화물량은 국내 1위(전체의 약 40퍼센트)다. 세계적으로는 휴스턴, 로테르담, 싱가포르 다음이다. 액체 화물이란 병, 통, 탱크 등에 들어 있는 액체 또는 반액체의 화물로서 유류, 화학제품(약액), 주류 등을 말한다.

울산항은 우리나라 원유 수입의 52퍼센트, 석유 화학 제품의 44퍼센트, 자동차의 34퍼센트, 그리고 선박의 33퍼센트 수출을 담당하고 있다. 이렇다 보니 울산항에는 S-Oil 부두, 울

울산항 ➔ 국내 최대 공업항이자 국내 최대 산업 단지 지원항으로, 신라 시대에는 주 교역항이자 수군 중심지였고 조선 시대에는 일본과의 무역을 위해 염포를 개항하기도 했다.

산 본항 5부두, 석탄 부두, SK 6부두, 울산 탱크 터미널, 양곡 부두, 자동차 부두 등 여러 개의 부두가 있다. 이런 이유로 울산항은 울산 경제의 상당 부분을 차지하고 있다. 말하자면 바닷길이 울산 경제를 지탱하고 있는 것이다.

1970년대 이후 울산에 석유 화학 공업, 자동차 공업, 조선 공업 등이 발달하면서 석유, 철광석, 석탄 등의 수입과 자동차, 선박 등의 수출을 위해 여러 부두를 지었다. 2000년대에 들어서는 울산 신항 건설이 진행 중이고, 미래에는 세계 최대 석유 소비지인 동북아 지역의 오일 물류 시장을 선점하는 항구로 키울 것이다. 세계 최대 액체 화물 시장이라 할 수 있는 중국의 최대 액체 물류 기지가 울산이 되는 셈이다. 액체 화물을 생산·보관해 외부로 반출하는 단순한 형태의 서비스만을 제공하는 것이 아니라 종합적인 석유 제품 거래가 이루어지는 상업적 기능을 수행하게 되는 것이다.

오늘날 우리나라의 바닷길은 국내보다는 국제적으로 더 큰 일을 하고 있다. 울산을 비롯해 부산, 포항, 거제도, 여수, 광양, 목포, 군산, 평택, 인천 등에 대규모 항구들이 자리 잡고 있다. 그리고 그 항구들을 통해 국제 화물의 99퍼센트가 수출 또는 수입되고 있다. 먼 해외로 가야 하는 화물 중 무겁고 부피가 크며 부패할 염려가 없는 것들은 배로 옮기는 것이 적합하다. 배는 한 번에 많은 화물을 실을 수 있고, 운임이 저렴하기 때문에 국내에서와 달리 국제적으로는 큰 몫을 하고 있다. 우리나라의 무역 규모가 세계 9위라는 사실로 볼 때 바닷길이 우리나라 경제를 지탱하고 있는 셈이다.

우리나라 최초의 '고가'가 사라지다 • 청계 고가

2003년 7월, 우리나라 최초의 고가 도로인 청계 고가 철거가 시작됐다. 청계 고가는 1971년부터 서울 도심의 차량 흐름을 뚫어 주는 큰 역할을 해 왔으나 '청계천을 다시 흐르게 하겠다'는 복원 사업에 따라 철거되었다.

청계 고가는 서울 중구에서 동대문구에 이르는 약 6킬로미터의 도로였다. 종로와 청계천로의 교통 체증을 완화하려 신호 없이 달릴 수 있게 만든 이른바 도심 고속도로였다. 하지만 고가 주변을 빽빽하게 채운 세운 상가, 동대문 시장, 평화 시장 등 우리나라 최대의 도매시장과 재래시장, 그리고 동대문운동장(현 동대문역사문화공원) 등으로 인해 자동차가 늘어나 실제로는 붐빌 때가 많았다.

청계천은 서울 도심을 서에서 동으로 흐르는 개천이다. 길이 약 11킬로미터의 하천으로 본래의 명칭은 '개천'(開川)이었다. 서울의 북악산·인왕산·남산에서 시작된 물이 청계천으로 모여 동쪽으로 흐르다가 중랑천과 합쳐진 후 다시 서쪽으로 흐르다 한강으로 들어간다.

청계천은 조선 시대에도 큰비가 올 때마다 물난리를 일으켰고, 평소에는 생활하수로 오염되어 있었다. 조선 태종 때부터 하천 바닥을 파내거나 하천 양쪽에 돌로 벽을 쌓았고, 세종 때는 물길을 바꾸는 등 정비 사업을 했으며, 영조 때에 이르러 직선으로 흐르게 되었다. 개천에 놓인 다리는 수표교, 광교, 관수교 등 24개였다.

청계 고가 도로 ➔ 1971년부터 서울 도심의 차량 흐름을 뚫어 주는 큰 역할을 해 왔으나 주변 시장들과 늘어난 자동차로 붐빌 때가 많았던 청계 고가는 2005년에 청계천이 복원되면서 사라졌다.

일제 강점기에 이름이 청계천으로 바뀌었고, 대대적인 준설 공사가 이루어졌다. 하지만 생활하수로 심하게 오염되었기 때문에 1960~70년대 위생 문제와 도로 확보 차원에서 하천 위를 콘크리트로 덮으면서(복개) 땅속으로 사라졌다. 이렇게 해서 복개 도로인 청계천로(6킬로미터)가 생겨났고, 청계 고가는 청계천로가 떠받치고 있었다. 시간이 흘러 청계천로와 청계 고가는 안전 문제로 뉴스에 자주 등장하게 되었고, 1990년대는 여러 차례 상판, 다리 기둥, 들보 등을 보수했다.

지금의 청계천로는 청계천이 복원되면서 하천을 가운데 두고 주변 2차선만 남은 길이다.

청계천은 2005년에 약 6킬로미터가 복원되었다. 하천에는 수심 30센티미터 이상의 물이 흐르고, 예쁜 다리 22개가 새로 놓였다. 또 벽화, 폭포, 분수 등으로 화려하고 아름답게 꾸몄고, 물길을 따라 산책로를 마련했다. 서울 시민은 휴식처와 문화 공간을 얻게 된 것을 반겼다.

반면 청계천 복원으로 울상을 짓는 사람들도 있다. 바로 청계천 상가의 사람들이다. 이들은 재개발 과정에서 제대로 보상을 받지 못한 채 상가를 지키고 있다. 하지만 지금의 상황은 과

청계천, 제대로 복원해야 한다

복원된 청계천이 하천 생태가 무시되고, 역사적 의미도 퇴색되었다는 비판의 목소리가 높다. 우선 청계천은 상류가 깨끗한데도 청계천 중·하류의 수질이 나쁘게 나타났다. 사람들이 발 담그고 노는 물에서 기준치 이상의 대장균이 검출되었다. 청계천으로 유입되는 오염된 하수나 빗물 탓이다. 또 청계천은 바닥에 방수 처리를 하고, 전기로 물을 끌어올려 흐르게 하는 인공 하천이다. 하루 12만 톤의 물을 공급하기 위해 엄청난 양의 전기를 쓴다는 말이다. 취수장에서 한강물을 퍼 올려 정수 처리를 한 후 청계천 둔치 지하관로를 타고 상류로 끌어 올려 청계천에서 흐르게 한다. 전력난이 심각한 지금도 석유나 원자력을 통해 만든 전기로 하천을 흐르게 하고 있다.

역사적으로도 비난이 따른다. 청계천에 있던 모전교, 광통교 등 20여 개의 다리가 원형을 무시했거나 제자리에 놓이지 못했다. 그런가 하면 가짜 다리도 있다. 수표교 자리에는 임시로 지어진 다리가 있고, 진짜 수표교는 현재 장충공원에 보관되어 있다.

거와 달라졌다. 과거에는 골목마다 사람들과 자동차로 붐벼, 상인들이 교통정리 요원을 고용했을 정도였다. 그런데 지금은 손님이 없어 가게 문도 일찍 닫는다. 특히 청계천 공구 상가 일대는 밤이면 마치 '죽은 거리'처럼 지나는 사람이 거의 없다. 공구 상가뿐 아니라 전자 상가, 헌책방 등 지금까지 약 1300여 곳의 가게 중 900여 곳이 문을 닫았다. 대신 다른 상인들에 의해 노천카페, 문화·관광 관련 점포들이 들어섰다.

사라지는 것이 반드시 슬픈 일은 아니다. 청계 고가와 청계천로처럼 때론 사라지는 것이 기쁘고 기다려지는 일도 있다. 하지만 우리의 기쁨은 아직 절반의 기쁨이다. 나머지 절반은 복원 과정에서 하천 생태가 무시되고, 역사적 의미도 퇴색되었다는 비판을 받는 청계천이 제 모습을 찾는 길에 있다.

단절에서 소통으로 가는 철도 · 끊어진 철길

2007년, 영원히 끊어진 것 같던 철길이 이어졌다. 2000년 6·15 남북 정상 회담에서 철길 복원이 논의된 지 7년 후, 마침내 남한의 기차가 경의선에서 군사 분계선을 넘어 북한 개성역으로, 동해북부선(양양—안변)에서는 북한의 기차가 군사 분계선을 넘어 남한의 제진역으로 달렸다. 경의선에선 56년, 동해북부선에선 57년 만에 기차가 군사 경계선을 넘은 것이었다. 하지만 동해북부선에서는 그것이 마지막이었고 경의선에서도 2008년에 운행이 다시 중단되었다. 이외에도 한반도에 끊어진 철길이 더 있다. 경원선(서울—원산)도 한국전쟁 때 비무장 지대DMZ 주변으로 31킬로미터(남측 16.2킬로미터, 북측 14.8킬로미터)가 파괴되어 끊어졌다. 지금도 강원도 철원의 월정리역에는 끊어진 철로에 녹슨 기차가 죽은 듯 서 있다.

월정리역은 현재 남한에 있는 경원선의 역 중에서 가장 북쪽에 있으며, 민간인 통제선 안에 있다. 지금은 역이 폐쇄되어 열차가 다니지 않는다. 월정리역에 남아 있는 녹슨 열차 잔해는 뒷부분 객차 부분으로, 기관차 부분은 한국전쟁 때 북한군

폐쇄된 월정리역에 있는 객차

이 후퇴하면서 가져갔다고 한다.

20세기 초, 남북 간을 오가던 길은 주로 철길이었다. 경의선, 경원선, 동해북부선, 그리고 철원역에서 출발하는 금강산행 전기 철도가 있었다. 당시 우리 땅에 철길이 놓인 것은 일본의 정치·군사적 필요와 조선 지배 강화 및 중국 진출 목적이 그 주요 배경이었다. 철길의 힘은 대단했다. 자동차의 10분의

비무장 지대(DEMILITARIZED ZONE)

우리나라의 비무장 지대DMZ는 서쪽으로 예성강과 한강 어귀의 교동도—개성 남방의 판문점—철원·금화—동해안 고성의 명호리에 이르는 약 250킬로미터의 군사 분계선MDL을 중심으로 남북 각각 2킬로미터씩 4킬로미터의 지대이다. 이곳은 군대 주둔이나 무기 배치, 군사 시설 설치가 일체 금지된다. 만약 DMZ로 결정되면 기존에 설치되어 있던 것도 없애야 한다. 우리나라 비무장 지대는 1953년 7월 27일 '한국전 정전 협정'으로 설치됐다. DMZ의 남북한 경계선은 남한은 남방 한계선, 북한은 북방 한계선으로 부른다. DMZ 남한 지역은 유엔사가 맡고 있기 때문에 이곳에 들어가려면 군사정전위원회의 허가를 받아야 하며, 한 번에 1000명 이상은 들어갈 수 없다. 군사정전위원회의 허가 없이는 군인도 남방 한계선을 넘지 못한다. 한편, '판문점 공동경비구역'JSA은 남북한이 함께 경비하는 비무장 지대 안의 특수 지역이다.

1에 해당하는 힘만으로 같은 무게의 짐을 끌었고, 전쟁 시에는 막대한 군수품을 신속히 나르는 1등 공신이었다. 그러니 적이 이용하지 못하게 철길을 파괴하는 것은 매우 중요한 작전이었다. 1950년 한국전쟁 중에도 한강의 한강 철교와 대동강의 평양 철교가 무참히 파괴되었다. 북한에서는 지금도 철도가 핵심 수송 수단이고 도로는 보조 수단이다. 또 철도는 군사용이기도 하므로 철도 공무원과 함께 군대가 관리한다.

2012년, 경기도는 신탄리—철원(백마고지역) 구간 5.6킬로미터의 철길을 개통했다. 군사 분계선을 넘는 것도 아니고 그저 북쪽으로 10분 더 달리게 된 것이지만 그만큼 통일에 가까워진 느낌이다. 남한은 군사 분계선까지 10.6킬로미터만 더 복원하면 된다. 미래에는 북한도 남은 구간을 복원할 것이고, 만주횡단철도TMR, 러시아횡단철도TSR와 한반도의 철도가 이어지는 날이 올 것이다. 철도가 이어지면 한반도를 넘어 대륙 곳곳과 빠르게 소통하며 경제가 활성화되는 효과도 얻게 될 것이다.

가까운 것은 먼 것보다 강하다 · 다리

세계에서 가장 많은 섬으로 구성된 나라는 인도네시아다. 인도네시아는 약 1만 8000개의 섬이 모여 이루어진 나라로 현대와 원시가 공존하고, 480여 종족이 살고 있다. 이 나라의 가장 큰 숙제는 국민의 뜻을 하나로 모으고, 분리 및 독립하려는 지역을 달래는 것이다. 이 숙제를 해결하기 위해 인도네시아의 섬과 섬 사이를 다리로 이어 보면 어떨까?

섬나라 중 국토를 하나로 이으려는 노력은 일본에서 먼저 시작되었다. 일본은 혼슈, 규슈, 홋카이도, 시코쿠, 이 4개의 큰 섬과 이즈 제도, 오가사와라 제도 등 약 7000개의 작은 섬으로 된 나라다. 일본의 노력은 태평양 전쟁 이전부터 시작되었다. 1936년, 일본에서 가장 큰 혼슈섬과 가장 남쪽에 있는 규

간몬 대교 ➔ 일본에서 가장 큰 혼슈섬과 가장 남쪽에 있는 규슈섬 사이의 간몬 해협을 횡단하는 현수교. 1973년에 개통했고 당시 세계에서 가장 긴 현수교였으나, 지금은 34번째로 긴 현수교다.

슈섬을 잇는 공사가 시작되어 1944년에 해저 철도 터널로는 세계 최초인 간몬 터널(약 3.6킬로미터)이 개통되었다. 이후 두 섬 사이에 교류가 더욱 증가하여 자동차가 다니는 간몬 대교가 추가로 건설(1973년)되었다. 간몬 대교는 그 당시 세계에서 가장 긴 현수교(케이블이나 체인 등을 오목 형상으로 당겨 교체를 매단 구조의 교량)였다.

일본은 여기서 끝나지 않고 1946년, 혼슈섬과 홋카이도섬도 이으려 했다. 그러나 실제 공사가 시작된 것은 1963년이고, 1988년에 세계에서 가장 긴 세이칸 해저 터널(길이 53.9킬로미터)이 쓰가루 해협을 관통해 놓였다. 이로써 43분이면 두 섬 사이를 오갈 수 있게 되었고, 홋카이도섬에서 혼슈섬으로 출퇴근하는 사람이 생겼다. 그리고 같은 해, 혼슈섬과 시코쿠섬을 연결한 15킬로미터의 세토 대교가 개통되었다. 세토 내해에 떠 있는 5개의 섬을 징검다리 삼아 6개의 다리로 연결한 세토 대교의 위층은 자동차, 아래층은 기차가 달린다. 이로써 일본은 4개의 큰 섬으로 된 나라에서 하나의 큰 섬나라로 다시 태어났다. 4개의 섬은 여전히 바다로 둘러싸여 있지만 섬 간 이동 시간이 짧아지면서 사람과 물자의 교류가 많이 증가했다. 가까운 것은 먼 것보다 강하기 때문이다. 결국 섬 간 이동 거리가 가까워지면서 일본 경제 발전에 큰 역할을 한 것이다. 이는 오늘날 우리나라가 북쪽을 이용할 수 없어서 사실상 섬나라나 다름없는 아쉬운 상황과 비교된다.

5

자연환경과 길은 공존할 수 있을까?

길을 낸다는 것은 환경을 파괴하는 것일까? 환경을 보호하는 것일까?
원론적인 이야기만 하자면 길을 내는 과정은 숲을 제거하고, 들을 뭉개야 하는 과정이니 환경을 파괴한다고 해야 할 것 같다.
하지만 생각해 볼 일이 있다. 중국에 갔을 때 산 정상까지 넓은 나무 데크를 깔아 등산로를 만들고 도로를 내어 차가 다니는 것을 보고 놀란 적이 있다. 가만히 보니 모든 사람들이 나무 데크나 셔틀버스로만 산에 오르고 있었다. 아무 길로나 등산하는 것보다 저 두 길을 정해 주는 것이 차라리 나머지 산을 지키는 방법일 수도 있겠다는 생각을 했다. 인간이 길을 내야 하는 것이 마치 숨을 쉬는 것과 마찬가지고 숙명이라면 그것도 좋은 방법이라는 생각이 들었다는 말이다.
모든 길이 원천적으로 생태 파괴를 자행하는 것은 아니다. 오히려 그 반대의 길도 있다. 상암동 하늘공원, 산책로를 따라 난 길 한쪽 벽에 나무통이 대각선으로 놓였다. 다람쥐 같은 작은 동물이 타고 올라 숲으로 갈 수 있게끔 만든 길이다. 그 길 하나가 생태계를 복원할 수 있을 것이라고 생각하지는 않는다. 인간이 끝없이 이익과 편리만을 좇고 있는 마당에 그깟 통나무 길 하나가 어떻게 생태계를 구하겠는가? 하지만 상암동의 쓰레기 더미에 만든 공원에서 인간이 다람쥐를 배려하는 따뜻한 마음을 보았다. 언제 어디서나 이런 마음으로 길을 낸다면 개발과 환경 보전 간 갈등을 최소화할 수 있지 않을까?

지름길을 택한 대가 · 원효 터널

2011년 7월, 서울 강남의 우면산이 무너졌다. 산이 무너진다는 것은 그 주변에 사는 사람들에게는 하늘이 무너지는 것과 같을 것이다. 산이 무너진 후 주민들은 '서초 터널 공사'가 산사태의 주요 원인이라고 주장했다. 강남은 도로가 넓지만 자동차의 이동량이 너무 많아서 산을 관통하는 강남순환도시고속도로를 건설하는 중이었다.

우면산 중턱을 뚫는 다이너마이트 폭파가 하루에도 여러 차례 이루어지면서 산의 뿌리가 흔들린데다가, 긴 장마로 많은 빗물이 산으로 스며들어 산사태가 일어났다는 것이 주민들의 분석이다. 특히 이 산사태로 피해가 큰 곳은 터널 출입구 쪽에 있는 방배동 전원 마을과 우면동 형촌 마을이다.

서초 터널로부터 불과 100미터 거리에 있는 송동 마을도 피해가 적지 않았다. 기가 막힌 것은 피해를 본 마을들은 이미 2008년부터 위험성을 제기하며 폭파를 중지해 달라고 시청, 구청, 건설사에 요청해 왔다는 사실이다. 정부는 지금도 집중호우가 원인이라고 주장하지만 많은 주민이 그와 함께 터널 공사가 큰 원인이라고 생각한다.

지름길을 택한 대가의 사례는 더 있다. 2003년, 도롱뇽이 법원에 재판을 요구했다. 2002년부터 시작된 경부고속철도 공사의 2단계 구간인 대구—부산 구간에 있는 '원효 터널' 때문이었다. 문제는 이 터널이 경상남도 양산의 천성산을 관통한다는 것.

도롱뇽이 말을 못하니 '도롱뇽의 친구들'이란 모임에서 대신 소송을 냈다. 천성산에 터널을 뚫으면 도롱뇽을 포함해서 그곳 생물들이 위험해지니까 터널 공사를 중지해 달라는 내용이었다. 그러나 대법원은 도롱뇽을 상대로 재판할 수 없다며 그들 주장을 인정하지 않았다. 그리고 2010년 10월, 대구—부산 구간 고속철도가 개통되었다.

그럼 그 뒤 그곳엔 어떤 변화가 있을까? 천성산과 정족산 일대의 무제치늪과 대성늪 등 습지가 단단한 땅으로 변하고, 육상 식물인 오리나무와 억새가 군락을 이루고 있다. 특히 오리나무의 뿌리는 철근처럼 땅을 움켜쥐어서 물컹한 습지를 딱딱하게 만든다. 습지 전문가들은 도로 공사 이외에도 차량이나 도보를 이용한 사람들의 잦은 출입이 원인이라고 한다. 이 모든 게 바로 지름길을 택한 대가다. 하나를 얻으면 하나를 내놓아야 하는 것이 삶의 진리이듯, 편리만을 취하려는 인간이 부른 재앙이었다. 정말 길은 빨라야만 하는 것일까?

인간의 길이 동물의 길을 덮었다 · 갈라파고스 제도

진화론의 섬, 태평양의 갈라파고스 제도가 인간의 욕심 때문에 병들고 있다. 갈라파고스 제도는 에콰도르령으로, 남아메리카에서 1000킬로미터나 떨어진 태평양에 있는 19개의 섬이다. 여기에는 200킬로그램짜리 코끼리거북, 1.5미터짜리 바다이구아나, 갈라파고스펭귄, 갈라파고스핀치 등 이곳만의 독특한 생물이 산다.

갈라파고스 제도는 16세기 에스파냐인에 의해 세상에 알려졌다. 사람들은 그곳의 아름다운 경관에 감탄을 금치 못했고, 소중한 자연유산이니 잘 지켜야 한다며 1978년에 유네스코 자연유산 보호구역으로 지정했다. 그러면 갈라파고스 제도의 아름다움이 잘 보존될 거라고 생각했다.

하지만 세상에 알려진 후 관광객이 몰리고, 에콰도르 정부가 관광객을 상대로 돈벌이에 나섬으로써 갈라파고스 제도는 오히려 위기의 섬이 되었다. 19개 섬 중 무려 10개 섬에 공항

갈라파고스 제도 ➔ 남아메리카에서 1000킬로미터나 떨어진 태평양에 있는 19개의 섬으로 이루어져 있다. 독특한 생물들이 서식하는 유네스코 자연유산 보호구역이지만, 세상에 알려진 후 여행객이 몰리면서 위기의 섬이 되었다.

이 들어서고, 대형 버스가 다닐 수 있는 넓은 도로가 건설되면서 매년 1만 마리 이상의 동물이 '로드킬'road kill로 사라지고 있다. 로드킬이란 도로 건설 때문에 동물이 살던 곳에서 이동로를 잃어버리고 도로를 건너다 달리는 자동차에 치여 죽거나 다치는 사고를 말한다.

오늘도 관광객을 태운 비행기와 자동차 바퀴 밑에서 갈라파고스 제도의 동물들은 죽어가고 있다. 지켜주겠다던 인간들의 약속은 어디로 간 것일까. 불현듯

갈라파고스 제도의 바다거북의 말이 들리는 것 같다.

"인간들아, 거짓말하지 마! 너희가 동물을 지키는 방법은 수천 년 전처럼 우리 동물들을 찾지 않는 거야."

길이 공동묘지가 되고 있다 · 로드킬

로드킬은 자동차가 다니는 곳이면 어디든지 발생한다. 한국도로공사에 따르면 우리나라도 2010년 이후의 통계만 보아도 거의 매년 2000건 이상의 로드킬이 발생했다. 아마 보고되지 않은 사고까지 합치면 훨씬 많을 것이다.

실제로 이틀 동안 고속도로 3000킬로미터를 여러 팀이 나뉘어 달리며 1000여 건의 로드킬을 발견한 조사 결과가 있다. 우리나라 고속도로에서 로드킬로 가장 많이 희생되는 동물은 고라니이다. 고라니는 중국과 한국에만 사는 귀한 동물로, 중

로드킬을 예방하는 방어 운전법

1. 적정 속도로 달린다. 특히 밤에는 멀리 볼 수 없으니 절대로 과속하지 말 것.
2. 봄은 야생동물들의 번식기이니 더욱 조심해야 한다. 특히 로드킬이 자주 발생하는 도로에서는 속도를 줄일 것.
3. 동물을 발견했다면 전조등을 끄고 경적을 울려 동물들이 도망가도록 할 것.
4. 로드킬을 했다면 핸들을 급히 꺾거나 급브레이크를 밟지 말고 핸들을 그대로 유지해 2차 사고를 예방할 것.

국은 이미 멸종 위기종으로 정했다. 만약 우리나라에서 고라니가 멸종된다면 그것은 지구상에서의 멸종을 의미할 수도 있다.

고라니뿐 아니라 멸종 위기 1급인 수달과 산양, 멸종 위기 2급인 하늘다람쥐, 삵, 수리부엉이 등도 도로에서 주검으로 발견된다. 인간은 로드킬을 줄이기 위해 다리나 터널 형태의 생태 통로를 만들고, 도로 주변에 높은 펜스를 설치하고 있다. 하지만 동물은 인간이 만들어 놓은 통로 대신 오랫동안 다니던 길로 다니려는 습성이 있다. 반경 3~5킬로미터 내에서 사는 삵 같은 동물에게 몇 백 킬로미터마다 설치된 생태 통로가 어떤 도움을 줄 수 있을까?

남한에만도 이미 10만 킬로미터 이상의 도로가 만들어졌다. 그만큼 교통이 편리해졌다는 말도 되지만, 다른 한편으로는 동물과 식물들의 서식지가 사라졌다는 뜻이기도 하다. 도로는 지금도 끊임없이 확장되고 있다. 사람들은 앞으로 더 빠르고 편하게 이동하겠지만, 대신 동물들은 더 많이 다치고 죽을 것이다.

'과연 인간다운 것이 무엇일까?' 하는 물음이 고개를 든다. 인간은 동물들이 열어 놓은 길을 따라 물도 얻고 사냥감도 얻었다. 그런데 동물들은 인간들이 만든 길에서 그들의 이동로를 잃고, 서식지를 잃고, 심지어 목숨마저 잃고 있다. 30분을 빨리 가기 위해, 경제 발전을 위해, 편하게 이동하기 위해 만든 인간의 길이 동물들의 공동묘지가 된 셈이다.

자연의 질서를 배우다 • 키시미강

1928년, 미국 플로리다에서 강이 넘쳐 무려 2000여 명이 사망했다. 그런데 까마귀 날자 배 떨어지는 격일까? 그 일이 있기 얼마 전 이곳에서는 운하가 완공되었다. 운하 건설을 위해 휘어져 흐르던 강을 여러 곳에서 곧게 폈고, 그 결과 강의 길이가 절반으로 줄었다. 또 수심 10미터를 유지하기 위해 강바닥을 파고 갑문을 설치해 수문을 열면 물이 흐르도록 했다.

운하로 변신한 플로리다의 여러 강은 배가 다니도록 언제나 물을 채워 놓아야 하므로 비가 평소보다 조금만 더 내려도 쉽게 범람하게 된 것이다. 그래서 운하를 따라 높이 6미터의 둑을 쌓았는데, 이제는 강이 병들기 시작했다. 고여 있으니 어쩔 수 없이 썩는 것이다. 물은 갈색으로 변하고, 지하로 스며들어 강과 지하수에서 악취가 났다. 또 높은 둑 탓으로 수중 생물이 육지와 하천을 오가지 못하게 되었고, 육상 생물들이 물을 찾아오는 길도 막히게 되었다. 물속 생물들이 사라지고, 이곳을 찾던 물새 중 95퍼센트가 발길을 끊었다.

결국 하천 주변에 살던 주민들도 하나둘씩 이곳을 떠났고, 자연히 지역 간 왕래가 크게 줄고 말았다. 그만큼 물자의 유통도 줄어 배가 다니게 하려 만든 운하에서 더는 화물선을 볼 수 없게 되었다. 플로리다주 정부에서는 병든 강들을 치료하는 공사를 해야 했다. 그중 대표적인 것이 키시미강이다.

자연의 분노가 일으킨 엄청난 대홍수를 몇 차례나 겪고도 자연을 완전히 굴복시키겠다며 1971년까지 23년 간 3천만 달러를 들여 키시미강 운하를 만들었다. 그리고 강을 복원하는 데 그 10배인 3억 달러가 들었다. 하지만 자연의 순리를 어기고 인간의 욕심대로 흐르게 한 강은 완벽한 복원이 불가능하다. 그렇기에 함부로 생땅을 파면 안 되는 것이다. 결국 어쩔 수 없이 운하의 수로는 그대로 둔 채 운하 옆의 옛 물길을 찾아 물을 흘려보내고 있다. 이 얼마나 어처구니없는 일인가! 이곳 사람들은 이 일을 통해 자연의 질서를 뼈저리게 배웠다.

강은 구불구불 흐르면서 물살이 빨라지거나 느려지고, 침식이 되거나 퇴적이 되며, 깊은 웅덩이와 얕은 여울을 만든다. 이렇게 물이 흐르기 때문에 에너지가 분산되어 홍수 위험이 줄어든다. 자갈, 모래, 진흙 등이 쌓인 곳에는 수초가 자라 작은 벌레부터 물고기에 이르는 물속 생물에게 먹이 및 산란 장소를 제공하고 물을 맑게 한다. 이것이 자연의 질서다.

우리 땅에 대운하가 필요할까? • 한반도 대운하 계획

2019년, 대한민국은 이명박 정부 당시 4대강 사업의 일환으로 건설되었던 16개 보 중에서 금강과 영산강의 보 3개의 해체를 결정했다. 하지만 환경단체들은 16개 보 모두를 해체

해서 재자연화를 이루자고 목소리를 높이고 있다.

2008년, 우리나라에서는 '한반도 대운하 계획'에 대한 찬반으로 온 나라가 들썩였다. 한반도 대운하는 경부 운하, 호남 운하, 충청 운하, 북한까지 연결하는 운하를 합쳐 부르는 말이다. 이중 경부 운하는 구체적인 내용이 제시되었다.

한반도 대운하를 찬성하는 사람들은 '라인강의 기적'으로 불리는 독일의 발전이 라인강 운하 때문에 가능했다고 한다. 하지만 2차 세계 대전 이후 독일에선 도로 교통과 철로 교통이 크게 발전하고, 운하 이용은 눈에 띄게 줄기 시작했다. '라인강의 기적'이란 말도 정작 독일에서는 잘 알지도 못한다고 한다.

또 대운하 찬성론자들은 유럽의 벨기에, 프랑스, 네덜란드, 독일에선 지금도 운하 운송량이 늘고 있다고 한다. 그건 사실이다. 하지만 유럽연합에서 내륙 운하 물동량은 1970년에 비해 20퍼센트 증가했다. 그러니 이는 경제 규모가 커지다 보니 운반해야 할 화물이 워낙 많아져서 생겨난 결과일 뿐이다. 쉽게 말해 착시다. 실제 도로와 철도에서 늘어난 물동량에 비하면 운하 운송의 증가분은 매우 적은 양이다. 유럽연합에서 운하 물동량은 총 화물량의 약 3퍼센트에 불과하다. 그리고 비율로 보면 1970년 이후 계속해서 줄고 있다. 특히 라인강은 유럽 전체 내륙 수로 운송의 85퍼센트를, 독일에서 운송되는 컨테이너의 90퍼센트를 소화하지만, 이는 독일 총 운송량의 4퍼센트에 불과하다.

대운하 건설을 찬성하는 사람들은 “선박은 운송비가 적게 들고 친환경적인 운송 수단이며, 내륙 도시들이 항구 도시화되면서 해운과 연결되어 시너지 효과가 있을 것이다.”라고 말한다. 그러나 반대하는 사람들은 “고속도로를 두고 오랜 시간이 걸리는 배를 이용하는 기업은 별로 없을 테니 시너지 효과도 없을 것이다.”라고 못 박는다.

또 찬성론자들은 “1급수 상수원을 확보할 수 있고, 강바닥의 퇴적물을 파냄으로써 생태계 복원에 기여한다.”고 주장한다. 하지만 반대론자들은 “식수원인 낙동강과 한강의 오염이 우려되고, 강바닥을 파내면 생태계가 파괴되어 이후 완전한 복원이 불가능하다.”고 주장한다. 재미있는 것은 찬성론자들은 운하가 “국민 모두에게 이익이 된다.”고 하는 반면, 반대론

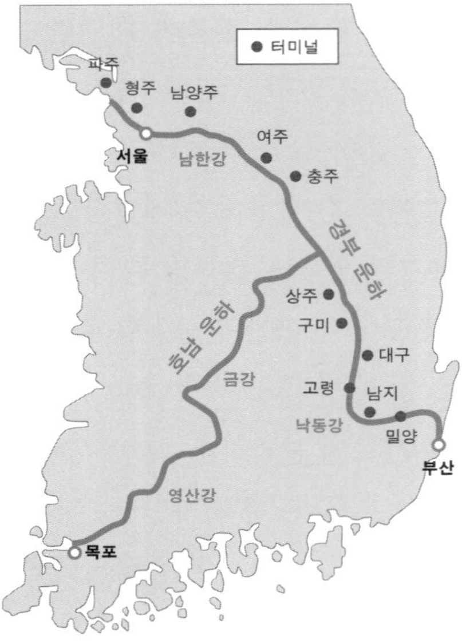

한반도 대운하 건설 계획 ➔ 한반도 대운하 사업은 제시될 때부터 환경 파괴 문제, 경제성 등의 문제들로 많은 비판을 받았다.

자들은 "부동산 차익으로 일부 계층만 이익이 된다."고 주장한다는 것이다. 하나의 사실에 대해 서로 정반대의 예측을 하는 셈이다. 결국 당시 이명박 정부는 운하 대신 '4대 강을 살린다'는 구호를 앞세워 강을 파내고 보를 설치하는 등 22조를 들여 엄청난 공사를 했다. 당시 사람들은 시간이 지나면 무엇이 진실인지 가려질 것이라고 말했다. 시간이 지나니 진실이 가려졌다. 4대강은 홍수와 가뭄 조절 이전에 생명체도 살기 힘든 곳으로 변해 갔다. 이에 문재인 정부에서 서둘러 보를 개방함에 따라 지독한 수질 문제가 조금씩 개선되었다. 그리고 이를 토대로 보 해체라는 결정을 한 것이다.

운하를 이용하지 않는 독일 기업인들에게 물었다

"왜 운하를 이용하지 않는가?"

① 물길은 운송 시간이 너무 길다.(43.1퍼센트)
② 물길은 도로나 철로처럼 촘촘하지 않다.(17.2퍼센트)
③ 화물의 크기가 선박 운송에 맞지 않다.(17.2퍼센트)

오늘날은 반도체와 같이 가볍고 신속하게 운반해야 하는 화물이 늘고 있다. 선박 운송은 항공 운송보다 저렴하지만 시간이 오래 걸린다. 부피가 작고 무게가 가벼운 화물을 운반하는 데 운송비는 크게 중요하지 않다.

* 독일 컨설팅 회사 프랑코(PLANCO)가 1999년 150개 화물 운송 기업을 상대로 실시한 설문 조사 결과

최근 브라질은 세계에서 가장 적극적으로 댐 건설을 추진하는 나라다. 브라질은 전력의 77퍼센트를 댐에서 얻는 수력에 의존하고 있기 때문이다. 2013년, 브라질 정부는 2020년까지 아마존강 유역에 댐 30개를 더 건설하겠다고 발표했다. 이에 맞서 환경 단체와 주민들은 지금까지도 거세게 저항하고 있다. 2013년에도 이미 브라질은 벨로 몬테 댐 같은 초대형 댐을 포함해 대규모 다목적 댐 19개를 건설하고 있었다. 하지만 2019년에 브라질 남동부에서 댐 3개가 붕괴되면서 약 400여 명의 사망자와 실종자가 생겨났다. 이 사고는 앞으로 브라질 댐 건설 계획에 큰 영향을 줄 것으로 예상된다.

그런데 브라질뿐 아니라 세계 어디를 가나 댐은 갈등의 대상이다.

댐은 중세 네덜란드에서 처음 사용된 말이다. 네덜란드의 도시 암스테르담과 로테르담은 '암스텔강'과 '로테강'에 댐을 붙여 만든 이름이다. 이처럼 네덜란드에는 강 이름과 네덜란드어로 댐을 뜻하는 '담'을 합쳐 만든 도시 이름이 많다. '네덜란드'는 '낮은 나라'라는 뜻으로, 이 나라는 전 국토의 25퍼센트가 해수면보다 낮아서 오래전부터 댐을 지어 간척해 왔다.

현재 세계에는 댐이 약 3만 3000개 있고, 그중 약 5000개는 높이 15미터 이상의 대형 다목적 댐이다. 바꾸어 말하면 세

브라질의 벨로 몬테 댐 ➔ 아마존강의 지류 중 하나인 싱구강에 건설되는 벨로 몬테 댐으로 인해 상중류 지역에 살던 다양한 어류들이 급격하게 멸종되기 시작했다.

계 곳곳에서 물길이 흐름을 방해받고 있다는 뜻이다. 하지만 댐 건설을 추진하는 사람들은 홍수와 가뭄에 대비하고 전기를 생산하고 있다는 생각만 확대해서 하는 것 같다. 댐이 전 세계 전기의 16퍼센트를 생산하고 있는 것은 사실이다. 하지만 댐이 물길의 자연스러운 흐름을 막고 있는 것도 사실이다. 오늘날 세계 대부분의 큰 강은 인간의 풍요를 위해, 인간의 편리를 위해 인위적으로 흐르고 숨 쉬도록 조절되고 있다. 마치 중환자실의 환자한테 인공호흡기를 붙였다 뗐다 하는 것처럼 말이다.

아마존강과 그 유역을 지켜야 한다는 세계의 목소리가 높다. 특히, 선진국의 환경론자들은 더욱 큰소리를 내고 있으며 과학적으로 조목조목 그 이유를 설명하고 있다. 당연하다. 아

아마존강의 벨로 몬테 댐 건설을 반대하는 원주민들 ➔ 환경 단체 및 지역 원주민들은 아마존강에 댐이 건설되면 그 유역의 생태계가 무너지고 원주민의 생활 터전이 파괴될 것이라고 주장한다. ©연합뉴스

마존강과 그 유역은 세계의 허파로 브라질 것만이 아니라 세계의 것이다. 하지만 "선진국들은 이미 환경 파괴 다 해놓고 이제 산업화를 시작하는 개발도상국들이 광산과 도시를 개발하고 발전소를 지으려고 하니까 환경 파괴 하지 말라고 하는 건 모순이다."라는 비판의 목소리도 있다.

실제로 제조업이 발달한 개발도상국에서는 환경 파괴와 환경오염이 유독 심하다. 하지만 개발도상국에서 만든 물건들을 선진국에서 실컷 쓰고 있다. 즉, 개발도상국의 환경 파괴는 선진국의 책임도 큰 것이다. 그러니 선진국들에서 브라질의 아마존강과 그 유역의 자연 파괴가 인류의 문제라고 반대한다면 인류의 이름으로 브라질을 도와야 한다. 그것이 이웃을 돕는 일이면서 동시에 자신이 안전하게 사는 길이다.

물길을 막은 대가 · 생태계 교란

우리나라의 강은 좁은 국토를 흐르다 보니 비가 내린 뒤 며칠이 지나면 빗물이 바다로 나간다. 또 연 강수량의 60퍼센트가 여름에 집중되기 때문에 홍수 피해가 잦고, 사계절 내내 물을 안정적으로 이용하기 어려웠다. 따라서 이 땅에서는 물을 다스리지 못하면 많은 사람이 생활을 포기해야만 했다. 이런 이유로 이미 삼한 시대에 김제 벽골제, 상주 공검지, 제천 의림제 같은 큰 저수지를 만들었고, 지금도 농촌 마을 어디를 가나 크고 작은 저수지를 쉽게 발견할 수 있다. 하지만 이건 오늘날의 다목적 댐에 비하면 귀여운 편이다.

20세기부터 우리나라도 서양식 다목적 댐을 짓기 시작했다. 국내 최초의 다목적 댐은 섬진강 댐으로, 광복과 전쟁을 겪으며 25년에 걸쳐 1965년에 완공되었다. 다목적 댐은 물을 농사에나 쓰던 저수용 댐과 달리 여러모로 물을 이용하기 위한 댐이다. 그래서 과거에는 댐을 흙과 돌을 이용해 낮게 쌓은 반면 다목적 댐은 콘크리트로 높게 쌓았다. 섬진강 댐 역시 높이가 64미터에 이르며, 이 댐이 동진강 하류 주변과 계화도 간척지 논에는 물을, 호남 지방에는 전기를 대고 있다.

1970년대에 들어서면서 우리나라 최대 규모의 댐인 소양강 댐을 비롯하여 국토 종합 개발과 함께 거대한 댐이 국토 곳곳에 건설되었는데, 이는 결국 강길을 막은 것이다. 현재 우리나라는 다목적 댐만도 15개로 국토 면적에 비해 댐이 많은 편이다. 기후나 자연환경을 고려할 때 댐이 필요한 나라라는 것을 인정하더라도 지나치게 많다. 그런데도 여전히 댐 건설이 추진되고 있다. 댐을 지으면 댐 상류 쪽의 마을과 경지를 삼키는 호수가 생기고, 그곳에 살던 사람들은 이리저리로 흩어지게 된다. 전 세계적으로도 댐 건설 때문에 4000~8000만 명 정도의 이주민이 발생했다고 한다.

소양강 댐

우리나라의 다목적 댐은 한강 유역(소양강 댐, 충주 댐, 횡성 댐), 금강 유역(용담 댐, 대청 댐), 낙동강 유역(안동 댐, 임하 댐, 합천 댐, 남강 댐, 밀양 댐), 섬진강 유역(섬진강 댐, 주암본 댐) 등에 위치해 있다. 우리나라에서 물을 가장 많이 담을 수 있는 댐은 소양강 댐(29억㎥)이다. 그다음은 충주 댐(27.5억㎥) > 대청 댐(14.9억㎥) > 안동 댐(12.5억㎥) 순이다. 한편, 세계에서 물을 가장 많이 담을 수 있는 댐은 아프리카 잠비아의 카리바 댐이다. 이 댐의 저수 용량은 소양강 댐의 62배다.

또 호수 주변은 목욕탕 안 수증기 같은 안개가 자주 껴서 햇빛이 부족하게 되므로 농사에도 피해를 준다. 안개는 운전자의 시야를 흐리게 해서 교통사고 확률을 높인다. 그뿐이 아니다. 겨울에 호수가 얼면 그 주변은 매우 추운 곳이 된다. 양평댐을 짓는 바람에 양평은 겨울이면 영하 20도까지 떨어지는 곳이 되었다.

이미 미국이나 프랑스는 댐이 이익보다 생태계를 교란하는 문제가 더 크다며 지을 때보다 더 많은 돈을 들여서 낡은 댐들을 해체하고 있다. 한때 댐 건설을 찬양하던 일본에서도 최근 들어 진행 중이던 댐 건설을 백지화하고 낡은 댐을 해체하고 있다. 이제 일본에서는 다목적 댐을 더 건설해야 한다는 주장이 힘을 받지 못하고 있다. 우리나라도 영양 댐, 지리산 댐 건설이 추진되다가 백지화되었고, 영주 댐 역시 불량 시공과 심각한 녹조 발생 등의 이유로 해체하라는 환경단체와 시민들의 목소리가 높다.

만약 전쟁을 결정하는 사람들이 직접 총을 메고 전쟁터로 나가야 한다면 세계의 전쟁이 지금보다 훨씬 줄었을 것이다. 마찬가지다. 댐 건설을 결정하는 사람들이나 그 후손이 안개와 생태계 파괴로 직접 피해를 본다면 지금보다 댐의 수가 적을 것이다.

2011년, 새만금 방조제가 성공적으로 준공되었다. 이로써 여의도의 140배에 해당하는 땅과 세계에서 가장 긴 제방 도로가 생겼다. 이 땅에 농사도 짓고, 공장도 짓고, 저수지를 만들어 물 부족에도 대비할 것이다. 여기서 얻을 수 있는 물의 양은 보통 크기의 저수지 200개에 해당하는 양이다.

2019년 현재, 새만금 간척 사업의 진행 상황은 오락가락하고 있다. 새만금 간척지는 원래 식량 생산을 위한 농업이 목적이었다. 하지만 노무현 정부에서 토지 중 72퍼센트를 농지로, 나머지 28퍼센트를 비농지로 개발한다고 했다가 이명박 정부에서는 오히려 비농지를 70퍼센트로 늘려 농업과 복합도시를 결합해 개발하겠다고 했다. 이후 박근혜 정부에서는 한·중 경협 단지 조성을 중심으로 한 개발을 주장하다가 중국과의 관계가 어긋나면서 흐지부지되었다.

한편, 문재인 정부는 새만금 사업을 100대 국정 과제에 포함해 환황해권 경제 중심지로 삼고 초대형 재생에너지 단지를 조성한다는 계획을 가지고 있다. 여전히 새만금은 기회의 땅이고 희망의 땅이다. 이제는 새만금의 발전이 전라북도뿐만 아니라 국가의 발전에 이바지하는 방향으로 나아가야 할 것이다.

어쨌든 방조제를 따라 난 길 덕분에 군산—부안 간 교통 거리가 60킬로미터나 짧아졌다. 세계에서 가장 긴 33.9킬로미

새만금 방조제 도로 ➜ 단군 이래 최대의 건설로 불리는 새만금 간척 사업에는 6조 원에 달하는 어마어마한 공사비용이 들었다. 김제, 만경 평야를 일컫던 금만 평야를 새롭게 만든다는 의미로 새만금이라는 이름이 붙었다.

터의 새만금 방조제 도로가 생기면서 배로 1시간 30분을 가야 했던 먼 바다의 고군산 군도가 육지 곁으로 왔다.

하지만, 새만금 사업은 반대도 컸다. 어마어마한 비용과 막대한 자연 파괴 때문이다. 앞으로도 농지, 환경 녹지, 관광 단지, 상업 지구 등을 꾸리기 위해 돈이 더 필요하다고 한다. 그 돈이 무려 약 22조다. 우리나라 대학교의 반값 등록금을 실현하기 위해 1년에 5조가 있으면 된다고 하는데, 그 엄청난 돈을 꼭 여기에 써야 할까?

환경 파괴는 더 심각하다. 바닷물이 막힌 제방 안쪽의 갯벌은 썩기 시작했고, 앞바다에서도 고기가 별로 잡히지 않아 어민들은 죽을 판이다. 그렇다 보니 바다를 떠나 공사판을 떠도는 주민들이 늘고 있다. 떠도는 것이 주민뿐일까? 사라진 새만금 갯벌은 한반도 전체 갯벌의 10퍼센트를 차지했다. 벌써 플랑크톤에서부터 각종 조개류, 게 등이 사라지기 시작했고, 이로 인한 생태계 파괴는 서해안 전체에 영향을 줄 것이라 한다. 한반도 최대 철새 도래지인 새만금으로 오던 도요새, 노랑부리 저어새 등은 이제 어디로 가야 할까? 이외에도 새만금호 수질 오염, 인근 변산 해수욕장의 수질 오염, 고군산 군도의 환경 파괴 등이 심해지고 있다.

독일이나 미국에서 간척지를 간석지(갯벌)로 되돌리는 공사를 하고 있는 지금, 우리는 여전히 대규모 간척 사업을 하고 있다. 과거의 새만금이 정부 정책과 국민들의 이견이 충돌하는 땅이었다면, 미래의 새만금은 자연과 공생해야만 인간도 살 수 있다는 깨달음의 땅이 될 것 같다.

고군산 군도에서 가장 큰 섬 신시도와 예쁜 이름의 야미도는 이제 섬이 아니다. 재밌는 것은 야미도(夜味島)는 본래 맛있

갯벌의 가치

갯벌은 밀물과 썰물이 드나드는 땅이다. 갯벌은 바다와 육지를 자연스럽게 이어주면서 해양 생태계의 먹이사슬이 시작되는 곳으로 다양한 종류의 생물들이 산다. 연안 해양 생물의 66퍼센트가 갯벌과 관련이 있고, 어민들은 어업의 상당 부분을 갯벌에 의존한다. 갯벌은 육지보다 큰 가치를 지녔으며, 어류 생산성은 1에이커(약 4047㎡)당 10톤이라는 연구 결과도 있다.
갯벌은 육지에서 배출되는 오염 물질을 정화하는 '자연의 콩팥'이기도 하다. 또 사람들에게 휴식과 관광, 오락의 장소가 되고, 철새 도래지로서 조류 관찰도 가능하다. 그뿐만 아니라 갯벌은 태풍이나 해일의 영향을 감소시켜 준다. 갯벌은 1970년대 이전에는 염전으로도 많이 이용되었다.

는 밤이 많아 밤섬으로 불렸는데 일제 강점기 때 실수로 '밤 야'(夜) 자로 쓰면서 '캄캄한 밤이 맛있는 섬'이란 이상한 이름이 되었다. 그런데 이젠 야미도가 관광지로 변하면서 진짜 밤이 환하고 달콤해지게 되었다. 초콜릿과 사탕은 달다. 그래서 많은 사람이 즐기지만, 이 달콤함이 결국 건강을 상하게 한다.

인간이 갯벌을 막아 간척하는 것을 보면 '황금알을 낳는 거위'라는 이야기가 떠오른다. 더 많은 황금을 얻기 위해 거위의 배를 가른 어리석은 농부처럼 인간은 눈앞의 이익에 눈이 멀어 갯벌을 죽이고 있다. 거위를 죽인 인간에게 주어진 마지막 선물은 거위 고기로 차린 저녁 만찬뿐이다. 그러고 나면 한 끼 배를 불린 대가를 톡톡히 치르게 될 것이다.

길이 잠기고 있다 · 용머리 해안 산책길

1987년, 제주 용머리 해안에 450미터의 산책로가 생겨났다. 제주 남쪽 바닷가에 있는 용머리 해안은 용이 바다로 들어가는 모양을 하고 있어 제주를 대표할 만큼 아름다운 해안이자 유네스코가 정한 세계 지질 공원 인증지다. 용머리 해안은 모래가 쌓이고 굳어 만들어진 바위가 수만 년 동안 파도에 깎이고 닳아 형성되었다. 산책로를 따라 걸으면 한쪽은 절벽, 한쪽은 바다다. 층층이 아름다운 절벽을 따라 바닷물이 철썩거리

제주 용머리 해안 ➜ 제주를 대표하는 해안이자 유네스코가 정한 세계 지질 공원 인증지로, 절벽을 따라 아름다운 산책로가 나 있다. 하지만 지구 온난화로 산책로가 물에 잠기는 시간이 점점 길어지고 있다. 제주 해수면은 지난 40년 동안 22센티미터나 상승했다.

는 길을 걸으면 감탄이 절로 나온다.

산책로는 바다를 바로 접하고 있는 길이라 물때를 맞춰 가야 걸어 볼 수 있으며, 바람이 많이 불거나 파도가 거친 날은 입장이 제한되기도 한다. 그런데 그 산책로가 바닷물에 잠기기 시작하더니 최근 들어 잠기는 시간이 길어져 하루 평균 4~6시간에 이른다. 산책로가 사라지는 데에는 여러 이유가 있겠으나 지구 온난화가 그중 하나라고 한다.

제주 해수면은 지난 40년 동안 22센티미터 상승하고, 바닷물의 온도는 30년 사이에 1.2도 높아졌다. 제주 해역의 해수면 상승률은 우리나라 다른 해역보다 가팔라서 1년에 4.55밀리미터씩 상승한 것으로 분석됐다. 이것은 전 세계 평균 해수면이 1년에 1.8밀리미터씩 상승한 것보다 2.5배 정도 높은 수치다. 과학자들은 지구 기후 변화로 수온이 상승해 바닷물의 부피가 커진 것을 원인 중 하나로 꼽는다. 이는 이어도 남측을 지나 동해안과 일본열도 동쪽으로 들어오는 쿠로시오 해류의 유량과 수온 변화 등의 영향이다.

제주특별자치도는 이 상황을 체감하고 널리 알리기 위해 지구 온난화 체험관을 열어 기후 변화 교육장이자 관광지로 활용하고 있다. 해수면 상승 자체를 부정하는 학자들도 있지만 지구 온난화는 이미 온 세상이 알고 있는 문제가 되어 버렸다. 하지만 우리는 방글라데시 같은 저지대 국가나 남태평양에 있

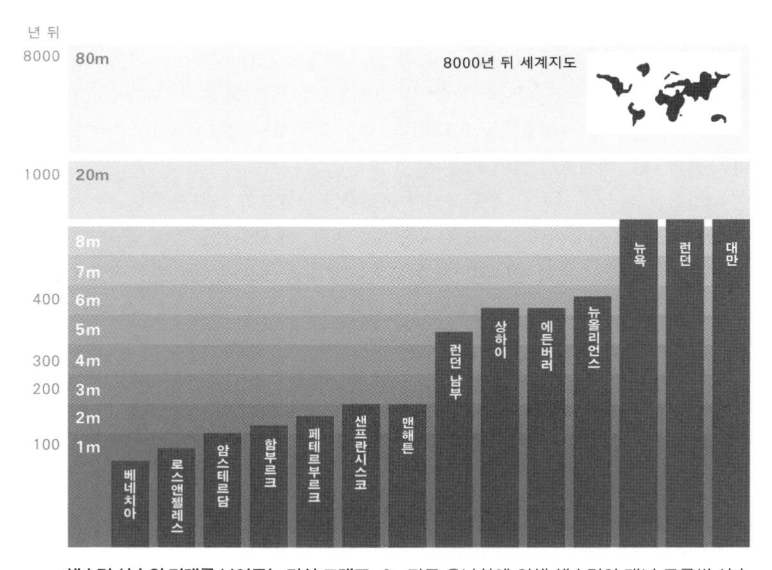

해수면 상승의 미래를 보여주는 가상 그래프 ➔ 지구 온난화에 의해 해수면이 매년 조금씩 상승하고 있다. 만약 해수면이 1미터 상승하면 베네치아는 바닷속으로 가라앉고, 2미터 상승하면 로스앤젤레스, 암스테르담 등의 도시가 바닷속으로 들어간다. 이런 추세로 해수면이 상승한다면 미래의 세계지도는 지금의 것과 크게 달라질 것이다.

는 섬나라들의 문제인 줄로만 알았다. 우리 땅에서는 한라산의 구상나무가 줄어들고, 남해안에서 귤 농사를 짓게 되는 변화 정도로 대수롭지 않게 여겼다. 그런데 우리나라에서도 해수면 상승으로 잠기는 곳이 나타나기 시작한 것이다. 그리고 그 사실을 가장 먼저 알려준 것은 길이었다.

사라질 위기에 처한 나라들

1990년에 설립된 AOSIS(Alliance of Small Island States, 군소 도서 국가 연합)는 태평양 섬나라 투발루, 나우루, 피지, 쿡 제도, 팔라우를 비롯해 대서양과 인도양의 섬나라 43개국이 가입한 국제기구다. 이 기구는 해수면 상승으로 물속에 잠길 국가들의 모임이다. 그중 가장 큰 위험에 처한 지역은 하와이와 파푸아뉴기니 사이에 있는 섬나라 마셜이다. 마셜은 34개의 섬 중 29개가 산호섬이고, 가장 높은 곳은 해발고도 10미터다. 수도 마주로는 해발고도 0.9미터로, 이미 밀물 때는 바닷물에 잠기고 있다.
이 나라들은 해수면 상승 외에도 극심한 폭풍우와 산호초가 하얗게 죽어가는 백화 현상, 그리고 물고기의 이동으로 고통받고 있다. 이 국가들은 주로 물고기를 잡아먹고 사는데, 수온이 높아지면서 물고기들이 다른 곳으로 이동해 종적을 감추고 있다. 특히, 가장 주요한 먹을거리 참치가 이동하고 있는데, 이런 추세라면 참치들이 오세아니아보다 더 동쪽으로 이동할 것이라고 한다.

해수면 상승으로 전 국토가 바다에 잠길 위험에 처한 섬나라 마셜

참고문헌

· 강명관, 『조선의 뒷골목 풍경』, 푸른역사, 2003
· 경실련 도시개혁센터 엮음, 『알기 쉬운 도시 이야기』, 한울, 2006
· 구동회 외, 『세계의 분쟁: 지도로 보는 지구촌의 분쟁과 갈등』, 푸른길, 2010
· 권혁재, 『자연지리학』, 법문사, 2011
· 김소희, 『생명시대: 지구생태 이야기』, 학고재, 1999
· 김연옥, 『사회과 지리교육연구』, 교육과학사, 1990
· 김용만·김준수, 『지도로 보는 한국사』, 수막새, 2004
· 김정배 외, 『한국의 자연과 인간: 47인의 석학과 함께 떠나는 한반도 테마 여행』, 우리교육, 1997
· 녹색연합, 『서울 성곽 걷기 여행: 살아 있는 역사박물관』, 터치아트, 2010
· 리처드 니스벳, 최인철 옮김, 『생각의 지도: 동양과 서양, 세상을 바라보는 서로 다른 시선』, 김영사, 2004
· 마스다 다카유키, 이상술 옮김, 『한눈에 보는 세계 분쟁 지도』, 해나무, 2004

· 미야자키 마사카츠, 이영주 옮김, 『하룻밤에 읽는 세계사』, 랜덤하우스코리아, 2000
· 박인호, 『조선시기 역사가와 역사지리인식』, 이회문화사, 2003
· 신정일, 『신정일의 한강역사문화탐사』, 생각의나무, 2002
· 역사학연구소, 『교실 밖 국사여행』, 사계절, 2010
· 이사벨라 버드 비숍, 이인화 옮김, 『한국과 그 이웃 나라들』, 살림출판사, 1994
· 이중환, 이익성 옮김, 『택리지』, 을유문화사, 2002
· 이혜은 외, 『변화하는 세계와 지역성: 인문지리학의 탐색』, 동국대학교출판부, 2005
· 임덕순, 『문화지리학』, 법문사, 2000
· 장서우밍·가오팡잉, 김태성 옮김, 『세계지리 오디세이』, 일빛, 2008
· 전경수, 『한국 문화론: 해외편』, 일지사, 1995
· 전국역사교사모임, 『살아있는 세계사 교과서 1, 2』, 휴머니스트, 2005
· 전국역사교사모임, 『살아있는 한국사 교과서 1, 2』, 휴머니스트, 2012
· 주강현, 『우리 문화의 수수께끼 1, 2』, 한겨레신문사, 1997
· 주영하, 『한국의 시장 1~4』, 공간미디어, 1996
· 지오프리 파커 엮음, 김성환 옮김, 『아틀라스 세계사』, 사계절, 2004
· 최영준, 『국토와 민족생활사: 한국역사지리학논고』, 한길사, 1999
· 최영준, 『영남대로: 한국의 옛길』, 고려대학교민족문화연구원, 2004
· 최운식, 『한국 민속학 개론』민속원, 1998
· 카를-알브레히트 이멜, 서정일 옮김, 『세계화를 둘러싼 불편한 진실: 왜 콩고에서 벌어진 분쟁이 우리 휴대폰 가격을 더 싸게 만드는 걸까』, 현실문화연구, 2009
· 클라우스 퇴퍼·프리데리케 바우어, 박종대·이수영 옮김, 『청소년을 위한 환경 교과서: 기후변화에서 미래 환경까지』, 사계절, 2009

· 타케미츠 마코토, 이정환 옮김, 『세계 지도로 역사를 읽는다』, 황금가지, 2001
· 폴 비달 드 라 블라슈, 최운식 옮김, 『인문지리학의 원리』, 교학연구사, 2002
· 한국교원대학교 역사교육과 교수진, 『아틀라스 한국사』, 사계절, 2004
· 한국생활사박물관 편찬위원회, 『한국생활사박물관 1~12』, 사계절, 2007
· 한국지리정보연구회, 『지리학강의』, 한울아카데미, 2010

지리 샘과 함께하는 시간을 걷는 인문학

2019년 10월 25일 1판 1쇄
2020년 8월 31일 1판 2쇄

지은이 조지욱

편집 정은숙, 박주혜 **디자인** 홍경민
제작 박흥기 **마케팅** 이병규, 양현범, 이장열 **홍보** 조민희, 강효원
인쇄 코리아피앤피 **제본** J&D바인텍

펴낸이 강맑실 **펴낸곳** (주)사계절출판사
주소 10881 경기도 파주시 회동길 252
전화 031)955-8558, 8588 **전송** 마케팅부 031)955-8595 편집부 031)955-8596
홈페이지 www.sakyejul.net **전자우편** skj@sakyejul.com
블로그 skjmail.blog.me **페이스북** facebook.com/sakyejul **트위터** twitter.com/sakyejul

ISBN 979-11-6094-508-9 03980

이 도서의 국립중앙도서관 출판시도서목록(CIP)은 e-CIP 홈페이지(http://www.nl.go.kr/ecip)와
국가자료공동목록시스템(http://www.nl.go.kr/kolisnet)에서 이용하실 수 있습니다.
(CIP2019040284)